全国高职高专"十二五"规划教材

计算机应用基础实训指导

刘莲辉　吕爱涛　主　编

孙兰珠　闫　萍　赵　欣　副主编

中国铁道出版社有限公司
CHINA RAILWAY PUBLISHING HOUSE CO., LTD.

内 容 简 介

本书是《计算机应用基础教程》（赵欣、闫萍主编）配套的实训指导书，是高等院校计算机公共基础课的实训教材。全书遵循学以致用的原则，融"教、学、做"为一体，所设置的实训任务直接与日常工作和学习中使用计算机密切相关，并注重发挥综合应用能力，以实现计算机应用能力的拓展与提升。

本书根据学生的认知特点，实训项目由浅入深，照顾到读者的不同层次，把计算机基础知识和基本技能分解成 20 个实训项目，既有"零起点"的实训，又有高进阶的拓展项目，让学生在完成具体任务的过程中逐步提高计算机基础技能。

本书内容全面，实用性和可操作性强，适合作为各类高等院校，尤其是高职高专院校计算机公共基础课的实训教材，也可作为成人教育的培训教材和希望获取全国计算机等级考试（一级）、上海高校计算机等级考试（一级）证书的人员的自学参考用书。

图书在版编目（CIP）数据

计算机应用基础实训指导/刘莲辉，吕爱涛主编. —
北京：中国铁道出版社，2014.11（2020.9 重印）
全国高职高专"十二五"规划教材
ISBN 978-7-113-19503-8

Ⅰ.①计…　Ⅱ.①刘…　②吕…　Ⅲ.①电子计算机—
高等职业教育—教学参考资料　Ⅳ.①TP3

中国版本图书馆 CIP 数据核字（2014）第 253057 号

书　　名：计算机应用基础实训指导
作　　者：刘莲辉　吕爱涛

策　　划：曹莉群　　　　　　　　　　　　　䬃芝薖嗊篏：（010）51873202
责任编辑：曹莉群　鲍　闻
编辑助理：刘丽丽
封面设计：大象设计·小戚
封面制作：白　雪
责任校对：王　杰
责任印制：樊启鹏

出版发行：中国铁道出版社有限公司（100054，北京市西城区右安门西街 8 号）
网　　址：http://www.tdpress.com/51eds/
印　　刷：北京市科星印刷有限责任公司
版　　次：2014 年 11 月第 1 版　　　2020 年 9 月第 7 次印刷
开　　本：787 mm×1 092 mm　1/16　印张：13.75　字数：332 千
书　　号：ISBN 978-7-113-19503-8
定　　价：32.00 元

前言
FOREWORD

　　本书是《计算机应用基础教程》（赵欣、闫萍主编）配套的实训指导书，是高等院校计算机公共基础课的实训教材。全书遵循学以致用的原则，融"教、学、做"为一体，所设置的实训任务直接与日常工作与学习中使用计算机密切相关，并注重发挥综合应用能力，以实现计算机应用能力的拓展与提升，同时，自然而然地激发学生兴趣，培养其动手能力，使学生在"做"的过程中，有更多的成就感，并能从"做"中领悟和归纳出基本的知识和道理。

　　本书根据学生的认知特点，实训项目由浅入深，既有"零起点"的实训，又有高进阶的拓展项目，照顾到读者的不同层次，把计算机基础知识和基本技能分解成 20 个实训项目，让学生在完成具体任务的过程中逐步提高计算机基础技能。主要内容包括计算机的基础操作、办公软件 Office 2010 的应用、多媒体处理和网页设计四个板块。全书以 Windows 7 操作系统为平台，软件涉及 Office 2010、Photoshop、Flash、Dreamweaver、GoldWave 等。

　　本书适合作为各类高等院校，尤其是高职高专院校计算机公共基础课的实训教材，也可作为成人教育的培训教材和希望获取全国计算机等级考试（一级）、上海计算机等级考试（一级）证书的人员的自学参考用书。

　　上海中侨职业技术学院"计算机应用基础"课程被评为 2011 年度上海市级精品课程，本书即由在该学院教学第一线从事计算机应用基础课程教学的骨干教师联合编写。本书由刘莲辉、吕爱涛担任主编，孙兰珠、闫萍、赵欣担任副主编。中国铁道出版社的编辑对本书进行了认真的审校，并提出了许多宝贵的修改意见和建议，在此表示衷心的感谢。

　　由于编者水平有限，疏漏与不妥之处在所难免，恳请专家和读者批评指正。

编　者
2014 年 9 月

目录

CONTENTS

实训 1
在 Windows 中使用鼠标与键盘

一、实训目的

（1）掌握鼠标按键的不同用途与基本操作；

（2）了解 Windows 7 的窗口界面，并掌握窗口的基本操作；

（3）了解所用计算机的最基本软硬件信息；

（4）熟悉键盘上的按键，并掌握用键盘输入各种中西文字符的操作方法；

（5）了解 Windows 7 附件中的【记事本】程序，并掌握文本文件的创建、编辑与保存的基本方法；

（6）了解 Windows 7 附件中的【计算器】程序，并掌握用它实现不同数制之间数的转换方法。

二、实训环境

中文版 Windows 7 操作系统。

三、实训任务与操作方法

【任务 1】 使用鼠标进行以下各项窗口操作。

▶▶ 操作步骤与提示 ◀◀

（1）打开【计算机】程序窗口。

双击桌面上的【计算机】图标，即可打开【计算机】程序窗口，如图 1-1 所示。

（2）对【计算机】程序窗口分别进行最小化、最大化和还原操作。

① 单击窗口右上角的【最大化】按钮，使窗口的显示占据整个桌面。

注意：当窗口处于最大化状态时，【最大化】按钮则变换为【向下还原】按钮。

② 单击窗口右上角的【向下还原】按钮，或者双击该窗口的标题栏，窗口将还原为最大化前的大小和位置。

③ 单击窗口右上角的【最小化】按钮█，使窗口最小化为任务栏上的【计算机】任务按钮。

④ 单击任务栏上的【计算机】任务按钮，则可以重新打开【计算机】程序窗口。

（3）将窗口调整到合适大小，并将窗口移动到合适位置。

① 将鼠标停留在窗口的左右边框，出现水平方向的双向箭头时拖动，可调整窗口宽度尺寸。

② 将鼠标停留在窗口的上下边框，出现垂直方向的双向箭头时拖动，可调整窗口高度尺寸。

③ 将鼠标停留在窗口的四个角点，出现对角线方向的双向箭头时拖动，可同时调整窗口的宽度和高度尺寸。

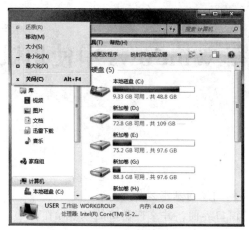

图 1-1　窗口的控制菜单

④ 将鼠标移动到窗口标题栏，进行拖动，可将窗口移动到桌面上的合适位置。

注意：鼠标的拖动操作是指在按住左键不放的同时移动鼠标，到目标位置后释放。

（4）关闭【计算机】程序窗口。

单击窗口右上角的【关闭】按钮▣。

▶▶操作拓展◀◀

以上有关窗口的操作，还可以利用窗口左上角的控制菜单按钮，如图 1-1 所示，单击【计算机】窗口的左上角，即可选择相关的菜单命令进行操作。

窗口的关闭，也可以使用图 1-1 中所提示的<Alt+F4>组合键实现，即先按住键盘的<Alt>键不放，再按<F4>功能键。

【任务 2】　了解计算机系统的基本信息，并设置和更改计算机名称及所属工作组。

▶▶操作步骤与提示◀◀

（1）查看计算机最基本的软硬件信息。

① 右击桌面上的【计算机】图标，在弹出的快捷菜单中，选择【属性】命令，打开图 1-2 所示的【系统】对话框。

② 查看计算机的操作系统软件及版本、CPU 类型及主频、内存容量等最基本的软硬件信息。

（2）查看计算机名称、所属工作组信息，了解更改计算机名称和工作组的操作方法和要求。

① 单击【计算机名称、域和工作组设置】组中的【更改设置】按钮，即可切换到图 1-3 所示的【系统属性】对话框的【计算机名】选项卡中，从中可以查看计算机名称及其描述、所属工作组等信息。

图 1-2 【计算机】窗口

② 单击【更改】按钮，在弹出的【计算机名/域更改】对话框中，输入新的计算机名和工作组名，如图 1-4 所示，然后单击【确定】按钮。

③ 按屏幕提示的要求重新启动计算机，以使更改生效。

注意：同一个工作组中的计算机名称不能相同，以免在网络中发生冲突。

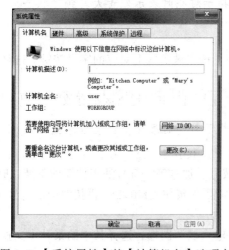

图 1-3 【系统属性】的【计算机名】选项卡

图 1-4 【计算机名/域更改】对话框

【任务 3】 创建和编辑一个内容如图 1-5 所示的文本文件 "EX3.txt"。

▶▶ 操作步骤与提示 ◀◀

（1）在桌面上，新建一个文本文件 "EX3.txt"。

① 右击桌面空白处，在弹出的快捷菜单中执行【新建】|【文本文档】命令，在桌面上创建了一个文本文档，该文件图标如图 1-6 所示。

② 在图 1-6 所示的文本文档命名框中，输入 "EX3.txt"，并按<Enter>键，完成文件的命名（或直接用鼠标单击桌面的其他位置，也可确认命名）。

注意：若图 1-6 所示的名称框中不显示文件扩展名 ".txt"，则说明系统此时处于 "隐藏已知文件类型的扩展名"状态，那么仅需要输入文件名"EX3"即可。

图1-5　EX3.TXT文本文件的内容

图1-6　文本文档图标

（2）在文本文档"EX3.txt"中，输入图1-5所示内容的各类中西文字符。

① 双击"EX3.txt"文件图标，打开记事本程序的"EX3.txt"文件窗口。

注意：光标闪烁处称为插入点，是文本编辑位置，所有的输入都将插入到此位置。

② 输入26个英文小写字母：小写字母可直接按主键盘区上对应的字母键；用<Space>键进行图示位置字符之间的分隔；全部小写字母输入结束后，按<Enter>键进行段落换行。

③ 输入26个英文大写字母：按<Caps Lock>键，切换到大写字母的锁定状态；按主键盘区上对应的字母键；再次按<Caps Lock>键，回到小写字母的输入状态。

注意：观察键盘上的指示灯区，<Caps Lock>指示灯亮时表示处于大写锁定状态。

▶▶ 操作拓展 ◀◀

为了输入大写字母，也可在按住<Shift>键的同时，按主键盘区上对应的字母按键。这种方法主要用于输入少量、不连续的大写字母。

④ 输入10个数字字符：直接按相应的数字键（主键盘区和小键盘区都有数字键）。

注意：观察键盘上的指示灯区，<Num Lock>指示灯亮时表示小键盘数字键可用。

⑤ 输入各种西文标点符号：逗号、句号、单引号、双引号、感叹号、冒号、问号、百分号、小括号、中括号、大括号、尖括号、连接号、减号、加号等。符号处于按键的下挡位时，直接按对应的符号键；符号处于按键的上挡位时，则需要先按住<Shift>键，再按对应的符号键；用<Tab>键对输入的符号进行较大距离的分隔。

⑥ 输入自己的班级、姓名。单击任务栏上的"输入法"图标，选择其中的某种中文输入方式，如拼音输入法；在图1-5所示的班级和姓名位置，输入自己的班级和姓名。

▶▶ 操作拓展 ◀◀

输入法的切换也可以使用快捷键完成：中、英文输入法切换可用<Ctrl+Space>组合键完成；中文输入法之间的切换可用<Ctrl+Shift>组合键完成。

如果需要修改编辑中的错误，对于个别的错误，可先定位好插入点，再使用<Backspace>键删除插入点前的字符，或者是按<Delete>键删除插入点后面的字符；对于某个区域的错误，可先用鼠标按下鼠标左键，再使用<Delete>键删除所选区域的内容。

（3）将编辑好的文本文档保存更新。在"EX3.txt"文档的记事本程序窗口中，执行【文件】|【保存】命令，即可实现文档的保存更新。

【**任务 4**】　用 Windows 7 附件中的【计算器】程序，将二进制数 10011101 转换为十进制数。

▶▶ **操作步骤与提示** ◀◀

（1）单击【开始】菜单，选择【所有程序】|【附件】|【计算器】命令，打开【计算器】程序窗口。

（2）选择【查看】|【程序员】命令，切换到程序员计算器界面。

（3）进行数制转换，如图 1-7 所示。具体操作步骤如下：

① 选择需要转换数的数制类型；

② 输入需要转换的数值；

③ 切换到需要转换的新数制类型；

④ 自动得到转换后的数值。

图 1-7　10011101B 转换为十进制数

四、课后训练及思考

（1）分别打开若干个程序窗口，如【计算机】、【我的文档】、【记事本】、【计算器】等程序窗口，单击任务栏上的各窗口所对应的任务按钮，实现程序窗口间的切换，并体会当前窗口（活动窗口）的含义。

（2）用【计算器】程序，将十六进制数 FFFH 转换为二进制数。

（3）用【计算器】程序，将八进制数$(4567)_8$转换为十进制数。

（4）按十指分工指法，练习键盘输入，逐步实现键盘盲打。

实训 2
Windows 文件的基本操作

一、实训目的

（1）熟悉和掌握 Windows 7 资源管理器的常用操作，包括 Windows 资源管理器窗口的结构及布局方式，文件夹选项设置的方法和意义，文件不同的显示方式和排序方式等常用操作；

（2）掌握文件和文件夹的常用操作，包括新建、命名与更名、复制与移动、保存、删除与恢复、属性设置等基本操作；

（3）会使用 Windows 7 的帮助和支持中心；

（4）知道快捷方式的意义，并掌握快捷方式的创建方法；

（5）了解和掌握在 Windows 系统中使用剪贴板实现在文件和程序间交换数据的方法；

（6）了解 Windows 附件中的"画图"程序及图像文件的格式；

（7）了解和掌握 WinRAR 对文件（夹）的压缩和解压缩的基本操作方法和应用。

二、实训环境与素材

（1）中文版 Windows 7 操作系统；

（2）素材文件夹："实训 2 素材"。

三、实训任务与操作方法

【任务 1】 在 C 盘根目录下，创建图 2-1 所示的文件夹结构。

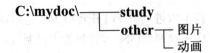

图 2-1　任务 1 所要创建的文件夹结构

▶▶ 操作步骤与提示 ◀◀

（1）双击桌面上【计算机】快捷方式图标，打开 Windows 资源管理器窗口，如图 2-2 所示，在左窗格（导航窗格）中，选择 C 盘，右窗格（内容窗格）中则显示出 C 盘根目录下所有的文件和文件夹。

（2）右击右窗格空白处，在弹出的快捷菜单中选择【新建】|【文件夹】命令，出现"新建文件夹"图标，然后将文件夹命名为"mydoc"。

注意：若命名时发生错误，可进行重命名操作：右击该文件夹图标，在弹出的快捷菜单中选择【重命名】命令，重新输入正确的名称。

图 2-2　打开 Windows 资源管理器窗口并切换到 C 盘

（3）双击新建的"mydoc"文件夹，在该文件夹内，按步骤（2）新建 2 个子文件夹，分别命名为"study"和"other"。

（4）双击新建的"other"文件夹，在该文件夹内，再次新建 2 个子文件夹，分别命名为"图片"和"动画"。

▶▶操作拓展◀◀

创建文件夹也可以通过单击图 2-2 所示资源管理器窗口的工具栏上【新建文件夹】按钮进行。

【任务 2】　在 study 文件夹中，分别创建以下 3 个文件。

（1）创建名为"help-kj.txt"的文本文件，其内容为有关"键盘快捷键"的 Windows 帮助信息。

（2）创建名为"recorder.jpg"的图像文件，其内容为【录音机】程序窗口界面的图片信息。

（3）创建名为"计算器"的快捷方式，该快捷方式指向 C:\Windows\system32\calc.exe 程序，并设置其快捷键为<Ctrl+Shift+J>。

▶▶操作步骤与提示◀◀

1. 创建"help-kj.txt"文件

使用 Windows 帮助和支持中心，找到"键盘快捷键"的帮助信息，并将此信息保存到"C:\mydoc\study\help-kj.txt"文本文件中。

（1）选择【开始】|【帮助和支持】命令，打开"Windows 帮助和支持"窗口，在搜索栏中输入"键盘快捷键"，单击【搜索】按钮进行搜索，搜索结果如图 2-3 所示。

▶▶操作拓展◀◀

在桌面的空白处，按键盘上的功能键<F1>，也能打开"Windows 帮助和支持"窗口。

注意：功能键<F1>通常是作为打开软件帮助信息的热键，因而按<F1>键时，即可打开当前活动窗口这个程序的帮助信息。另外，程序的帮助信息也可以在程序窗口的【帮助】

菜单中打开。如在资源管理器程序窗口中，同样也可以打开【Windows 帮助和支持】。

（2）在图 2-3 所示的搜索结果目录中，单击其中的"5. 键盘快捷键"条目，打开如图 2-4 所示的帮助信息内容，拖动鼠标，选择需要的信息内容，然后右击该内容，从弹出的快捷菜单中选择【复制】命令（或使用键盘的<Ctrl+C>组合键），将这些信息暂存于计算机的"剪贴板"中。

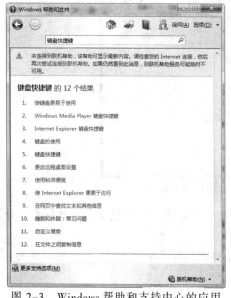
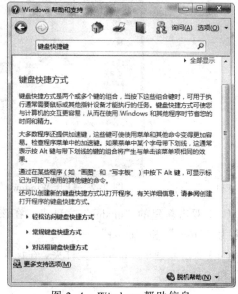

图 2-3　Windows 帮助和支持中心的应用　　　　图 2-4　Windows 帮助信息

（3）切换到资源管理器窗口，在导航窗格中，单击选择已创建的"C:\mydoc\study"文件夹，然后在内容窗格的空白处，右击并执行快捷菜单中的【新建】|【文本文档】命令，创建一个新建文本文档，并将其命名为"help-kj.txt"。

（4）双击打开新建的"help-kj.txt"文本文件，在"记事本"程序窗口中，执行【编辑】|【粘贴】命令（或使用键盘的<Ctrl+V>组合键），将"剪贴板"中的信息粘贴到"help-kj.txt"文件中。

（5）选择【文件】|【保存】命令（或使用键盘的<Ctrl+S>组合键），保存"help-kj.txt"文件，关闭"记事本"程序窗口。

2．创建"recorder.jpg"文件

利用"剪贴板"将 Windows 系统的【录音机】程序的窗口界面复制到【画图】程序生成的 jpg 文件中，并命名为"recorder. jpg"，保存在"C:\mydoc\study"文件夹中。

（1）在【开始】菜单中，分别选择【所有程序】|【附件】|【画图】命令和【所有程序】|【附件】|【录音机】命令，打开 Windows 附件的【画图】程序和【录音机】程序窗口。

（2）单击【录音机】程序窗口标题栏，使其成为当前活动窗口，按<Alt+PrintScreen>组合键，将【录音机】程序窗口界面的图片信息复制到剪贴板中。

（3）单击【画图】程序窗口标题栏，使其成为当前活动窗口，执行【编辑】|【粘贴】命令，将"剪贴板"中的图片信息粘贴到如图 2-5 所示的正在编辑的"无标题–画图"文件中。

（4）将已编辑好的"无标题–画图"文件，执行【文件】|【保存】命令，打开图 2-6 所示【保存为】对话框，在地址栏中选择保存位置为"C:\mydoc\study"文件夹，选择保存类型为 JPEG，

输入文件名称为 "recorder.jpg"，单击【保存】按钮保存文件到 "C:\mydoc\study" 文件夹中。

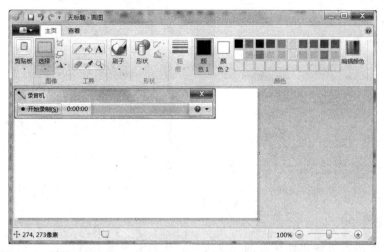

图 2-5　将剪贴板中的 "录音机" 窗口画面粘贴到 "画图" 程序编辑区中

图 2-6　选择位置、类型、输入文件名，保存文件

　　注意：文件第一次保存时，打开的是【保存为】对话框，此时需要选择保存位置、保存类型，并输入文件名。

3. 创建 "计算器" 程序的快捷方式

在 "C:\mydoc\study" 文件夹中创建快捷方式 "计算器"，运行该快捷方式命令可打开 "C:\Windows\system32\calc.exe"，并设置其快捷键为 <Ctrl+Shift+J>。

（1）切换到资源管理器窗口，在导航窗格中，单击选择已创建的 "C:\mydoc\study" 文件夹，然后在内容窗格的空白处右击，执行快捷菜单中的【新建】|【快捷方式】命令，打开【创建快捷方式】对话框。

（2）在【创建快捷方式】对话框中，首先是要输入快捷方式所指向对象的位置和名称，如 "C:\Windows\system32\calc.exe"（注：此处由于指向的对象是系统文件夹中的项目，故可以省略路径，只要输入文件名 "calc.exe" 即可，如图 2-7 所示）。

（3）单击图 2-7 中的【下一步】按钮，在图 2-8 所示的对话框中，输入快捷方式的名称 "计算器"，然后单击【完成】按钮。

 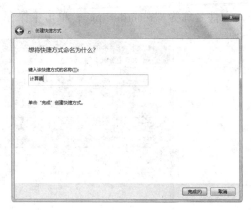

图 2-7　输入快捷方式指向的文件名"calc.exe"　　　图 2-8　输入快捷方式名称"计算器"

▶▶ 操作拓展 ◀◀

也可以按下述方法创建计算器的快捷方式：①打开资源管理器，在导航窗口中，选择"C:\mydoc\study"文件夹；②如图 2-9 所示，执行【开始】|【所有程序】|【附件】命令，鼠标指向"计算器"，按住<Ctrl>键的同时，将其拖动到资源管理器中的"C:\mydoc\study"文件夹中（注：此处实质上是将附件中的"计算器"快捷方式复制了一份到 study 文件夹中）；③将创建好的快捷方式，按要求改名为"计算器"。

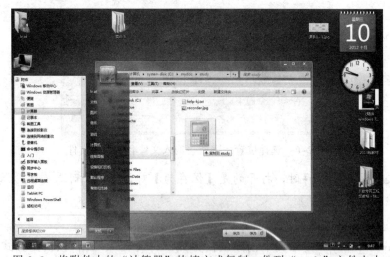

图 2-9　将附件中的"计算器"快捷方式复制一份到"study"文件夹中

（4）右击"计算器"快捷方式，执行快捷菜单中的【属性】命令，在图 2-10 所示的对话框中，单击"快捷键"文本框，按<Ctrl+Shift+J>组合键，即可将"Ctrl+Shift+J"自动输入到"快捷键"文本框中，单击【确定】按钮。

【任务 3】　按下列要求复制、移动和删除有关文件与文件夹，并更改有关文件属性。

（1）将"实训 2 素材"文件夹复制到"C:\mydoc"文件夹中。

（2）取消"C:\mydoc\实训 2 素材"文件夹中隐藏文件的隐藏属性。

（3）将"C:\mydoc\实训 2 素材"文件夹中 jpg 图像文件移动到"C:\mydoc\other\图片"文

件夹中；将 gif 动画文件移动到"C:\mydoc\other\动画"文件夹中。

（4）删除"C:\mydoc\实训 2 素材"中的"card.*"和"wordG.doc"文件。

（5）恢复已被删除的文件"card.pps"。

（6）永久删除"C:\mydoc\other\动画"文件夹中的"dance*"文件。

▶▶ 操作步骤与提示 ◀◀

1．将素材文件夹"实训 2 素材"复制到"C:\mydoc"文件夹中

（1）选中源文件夹——"实训 2 素材"文件夹，选择【编辑】|【复制】命令（或按快捷键 <Ctrl+C>）。

（2）选中目标文件夹——"c:\mydoc"文件夹，选择【编辑】|【粘贴】命令（或按快捷键 <Ctrl+V>）。

▶▶ 操作拓展 ◀◀

移动操作也可在资源管理器的导航窗格中，使源文件夹和目标文件夹均可见，然后按住 <Ctrl>键，用鼠标将"实训 2 素材"文件夹拖动复制到"C:\mydoc"文件夹中。

2．取消"C:\mydoc \实训 2 素材"文件夹中隐藏文件的隐藏属性

（1）设置隐藏文件可见：在资源管理器中，依次单击【组织】|【文件夹和搜索选项】|【查看】，打开图 2-11 所示的【文件夹选项】对话框中的【查看】选项卡，选中【显示隐藏的文件、文件夹和驱动器】单选按钮，然后单击【确定】按钮完成设置。

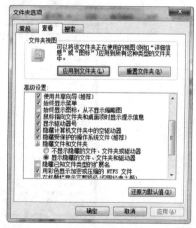

图 2-10　设置"计算器"快捷方式的快捷键为<Ctrl+Shift+J>　　图 2-11　设置显示隐藏的文件和文件夹

（2）在资源管理器的导航窗格中，选择"C:\mydoc\实训 2 素材"文件夹，在内容窗格中，配合<Ctrl>键，用鼠标单击各个隐藏文件，从而选中全部 5 个隐藏属性的文件（注：隐藏文件的图标比其他文件图标的色彩较淡）。

（3）右击并选择快捷菜单的【属性】命令，打开【属性】对话框，取消勾选图 2-12 所示的"隐藏"属性，单击【确定】按钮后，即可将这 5 个隐藏文件转变为一般的存档文件。

3．对"C:\mydoc \实训 2"文件夹中的图像和动画文件进行分类，并分别移动到 "C:\mydoc \other\"的图片和动画文件夹中

（1）设置文件扩展名可见：在资源管理器中，依次单击【组织】|【文件夹和搜索选项】|

【查看】，如图 2-11 所示。取消勾选"隐藏已知文件类型的扩展名"复选框，单击【确定】按钮完成设置。

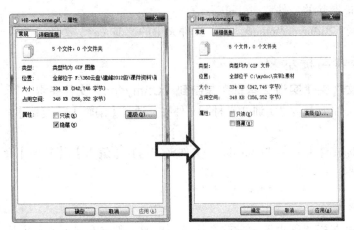

图 2-12　取消文件的隐藏属性

（2）在资源管理器的导航窗格中，单击"C:\mydoc \实训 2 素材"文件夹，右侧内容窗格中则显示出该文件夹下所有包含的文件内容。

（3）选择【查看】|【详细信息】命令，再选择【查看】|【排序方式】|【类型】命令，如图 2-13 所示，按文件类型排列文件。

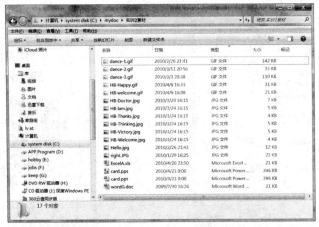

图 2-13　按文件类型排列文件

（4）选择所有扩展名为.gif 的文件，将其移动到"C:\mydoc \other\动画"文件夹中：①单击第一个.gif 文件，按住<Shift>键，单击连续排列的最后一个.gif 文件；②选择【编辑】|【剪切】命令；③选中"C:\mydoc\other\动画"文件夹，选择【编辑】|【粘贴】命令。

▶▶操作拓展◀◀

在资源管理器的导航窗格中，使源文件夹和目标文件夹均可见，直接用鼠标拖动选中的文件也可将其移动到"C:\mydoc\other\动画"文件夹中。

（5）采用同样的方法，选择扩展名为".jpg"的全部 JPEG 图像类型文件，将其移动到"C:\mydoc \other\图片"文件夹中。

4．删除"C:\mydoc\实训 2 素材"文件夹中的"card.*"和"wordG.doc"文件（注：其中的通配符*代表了若干个不确定的字符）

（1）如图 2-14 所示，单击内容窗格中文件图标上方的"名称"标题，即可按文件名重新排列"C:\mydoc\实训 2 素材"文件夹中的文件顺序。

图 2-14　按文件名称排列文件

（2）按住<Ctrl>键，单击图 2-14 中符合要求的各个文件，即一次性选中文件名为"wordG.doc"，以及文件名包含有"card"的文件，如：card.ppt 和 card.pps。

（3）选择【文件】|【删除】命令，并在弹出的图 2-15 所示的【删除多个项目】对话框中，单击【是】按钮确认删除。

▶▶操作拓展◀◀

也可在选中文件后，直接按键盘的<Delete>键，执行删除操作。

注意：此方法实质上是将文件移至"回收站"。

5．恢复被删除的"card.pps"文件

（1）双击桌面上"回收站"图标，打开【回收站】窗口。

（2）如图 2-16 所示，在"回收站"内容窗格中，选择已被删除的"card.pps"文件，选择【文件】|【还原】命令，即可将已删除的"card.pps"文件还原到删除之前的位置——"C:\mydoc\实训 2 素材"文件夹中。

图 2-15　删除文件到回收站提示框

图 2-16　"回收站"窗口

▶▶操作拓展◀◀

单击窗口工具栏中的【还原此项目】按钮，或者是在选择的文件上右击，选择快捷菜单中

的【还原】命令，都可以将已被删除的文件从回收站里还原到删除之前的位置。

6. 永久删除"C:\mydoc\other\动画"文件夹中的"dance*"文件

（1）在"C:\mydoc\other\动画"文件夹中，按文件名排列文件。

（2）按住<Ctrl>键，用鼠标单击各个文件名中包含"dance"的文件："dance-1.gif""dance-2.gif""dance-3.gif"共3个文件，如图2-17所示。

（3）按<Shift+Delete>组合键，打开图2-18所示的永久删除文件对话框，单击【是】按钮，执行永久删除操作。

图2-17　选择文件名中包含有"DANCE"的文件　　　图2-18　永久删除文件对话框

注意：永久性删除的文件，不会存放到"回收站"中，所以无法从"回收站"中恢复。

【任务4】 在C:\windows\system文件夹下，搜索第2个字母为"f"，且大小为10～100KB的.drv文件，将搜索到的文件复制到"C:\mydoc\study"文件夹中。

▶▶ 操作步骤与提示 ◀◀

（1）设置搜索方式：选择【组织】|【文件夹和搜索选项】|【搜索】，如图2-19所示，单击【还原为默认值】按钮。

（2）确定搜索位置和搜索条件进行搜索：在如图2-20所示的资源管理器中，打开C:\windows\system文件夹，在右上角的搜索框中填写搜索条件，输入"?f*.drv"，大小选择"小（10—100KB）"，开始搜索。

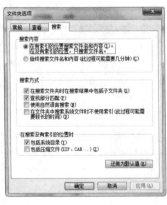

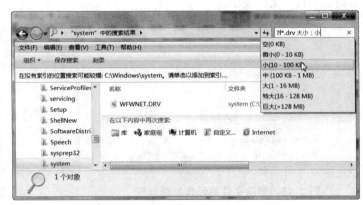

图2-19　设置搜索选项　　　　　　　　图2-20　搜索条件及搜索结果

（3）将搜索到的文件"WFWNET.DRV"复制到"C:\mydoc\study"文件夹中。

【任务 5】 应用 WinRAR 软件，按下列要求压缩和解压缩文件。

（1）将前述已完成的实训任务的"C:\mydoc"文件夹压缩为"sx2.rar"文件，并存放在自己的 U 盘中。

（2）将 U 盘中的"sx2.rar"文件，解压缩到桌面上。

▶▶ 操作步骤与提示 ◀◀

1．将"C:\mydoc"文件夹压缩为"sx2.rar"文件，并存放在自己的 U 盘中

（1）在资源管理器的导航窗格中，选择计算机中的 C 盘，右击内容窗格中的待压缩文件夹"C:\mydoc"，弹出快捷菜单，选择【添加到压缩文件】命令，打开图 2-21 所示【压缩文件名和参数】对话框。

（2）单击图 2-21 中的【浏览】按钮，打开图 2-22 所示的【查找压缩文件】对话框，选择压缩文件的存放位置，并输入压缩文件的名称"sx2.rar"。

注意：计算机中硬盘分区不同，分配给 U 盘的盘符名称也不同，此处是 I 盘。

图 2-21　【压缩文件名和参数】对话框　　图 2-22　选择压缩文件存放位置并输入文件名

（3）单击【确定】按钮，完成压缩任务。

▶▶ 操作拓展 ◀◀

另外，在图 2-21 所示的【压缩文件名和参数】对话框中，还可以选择有关参数，实现个性化的压缩设置；①选择压缩文件格式：默认是 RAR，也可选择 ZIP 格式；②选择压缩方式：默认是标准压缩，也可以选择其他如压缩速度最快、较快方式，或压缩质量是最好、较好方式等；③选择压缩选项：可以按需要勾选"压缩后删除源文件""创建自解压格式压缩文件"复选框。若选择"创建自解压格式压缩文件"复选框，那么压缩文件的扩展名则变为".EXE"，这样格式的压缩文件可以在没有安装 WinRAR 软件的计算机中执行自解压操作。

2．将 U 盘中的"sx2.rar"文件，解压缩到桌面上

（1）在资源管理器中，选中 U 盘中的"sx2.rar"文件，右击弹出快捷菜单，选择【解压文件】命令，打开图 2-23 所示的【解压路径和选项】对话框。

（2）选择文件解压缩后存放的位置，单击图 2-23 中的"桌面"。

注意：也可以输入目标路径，若输入的目标路径不存在，则 WinRAR 软件会自动创建。

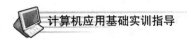

（3）单击【确定】按钮，完成解压缩任务。

▶▶ 操作拓展 ◀◀

双击 U 盘中的"sx2.rar"文件，打开图 2-24 所示的 sx2.rar 压缩文件窗口，还可以双击其中的某个文件或文件夹，如图 2-25 所示，进一步了解压缩包中所含文件的详情信息，若选择压缩包中的某个文件夹或文件，单击工具栏上的【解压到】按钮，则可仅解压缩相关文件。

图 2-23　WinRAR 解压缩文件对话框

图 2-24　打开 sx2.RAR 压缩包的 WinRAR 程序窗口

图 2-25　展示 sx2.RAR 压缩包中 mydoc 文件夹中的内容

四、课后训练及思考

试按下列要求完成各项 Windows 的基本操作：

（1）按图 2-10 所示文件夹结构，在 C 盘根目录下创建一个新的个人文件夹，再在该文件夹下创建两个子文件夹：sa，sb，如图 2-26 所示。

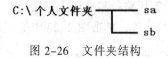

图 2-26　文件夹结构

（2）在所创建的个人文件夹中新建文本文件"print.txt"，文件内容为 Windows 7 中有关"安装打印机"的帮助信息。

（3）在个人文件夹中建立一个名为"JSB"的快捷方式，该快捷方式指向"notepad.exe"程序文件，并将其快捷键设置为<Ctrl+Shift+J>。

（4）将 C:\Windows\system32\calc.exe 文件复制到"sa"文件夹下。

（5）将个人文件夹下的"sa"文件夹中改名为"程序"，"sb"文件夹中改名为"图片"。

（6）在"图片"文件夹中，创建名为"calc.jpg"的图片文件，其内容为 windows 附件中"计算器"程序窗口界面的图片信息。

（7）以自己的学号与姓名重命名"个人文件夹"（例如改名为："01 丁一"），然后将其压缩为 RAR 文件，并保存到自己的 U 盘中。

实训 3
Internet 应用

一、实训目的

（1）熟悉微软 Internet Explorer 浏览器软件的常用操作，掌握 Internet 信息浏览、搜索、下载及保存的基本方法；

（2）了解免费电子邮箱的注册方法，掌握通过 IE 和 Microsoft Outlook 软件收发电子邮件的基本操作方法。

二、实训环境与素材

（1）中文版 Windows 7 操作系统；

（2）微软 Internet Explorer 11 浏览器软件；

（3）微软 Outlook 2010 邮件客户端软件；

（4）计算机可以连接互联网。

三、实训任务与操作方法

【任务 1】 使用 IE 浏览器，浏览、搜索、下载和保存 Internet 上的信息和资源。

具体要求：

（1）使用 IE 浏览器打开搜狐网站（www.sohu.com）的主页面，并将其设置为 IE 的默认主页。

（2）通过域名"http://www.jsjjc.shec.edu.cn/"，访问"上海高校计算机应用基础课程教学资源平台"，了解上海计算机一级考试的相关信息，并收藏该网站。

（3）访问丁丁网（www.ddmap.com），查找从"上海火车站南广场"到"东方明珠"的公交路线，将查询到的公交线路文本信息，复制到文本文件"line.txt"中，保存在"C:\sx3"文件夹中；收藏丁丁网，以方便日后查询使用。

（4）打开已设为默认主页的搜狐网站主页面，通过导航栏，进入其 IT 站点，再链接到"计算机"栏目，从中寻找一款自己感兴趣的笔记本式计算机机型的介绍页面，保存到"C:\sx3"文件夹中，文件名默认。

（5）通过百度搜索网站（www.baidu.com），查找 QQ 聊天软件，并下载该软件保存到计算机的"C:\sx3"文件夹中。

（6）导出 IE 收藏夹，命名为"bookmark.htm"，保存到"C:\sx3"文件夹中。

▶▶ 操作步骤与提示 ◀◀

（1）使用 IE 浏览器打开搜狐网站（www.sohu.com）的主页面，并将其设置为 IE 的默认主页。

① 打开 IE 浏览器程序窗口。

②在地址栏中输入搜狐网站的域名 www.sohu.com，按<Enter>键确认后，稍做等待即可打开搜狐网站的主页面，如图 3-1 所示。

图 3-1　用 IE 浏览器访问搜狐网站主页面

③ 执行【工具】|【Internet 选项】命令，打开图 3-2 所示的【Internet 选项】对话框，单击其中的【使用当前页】按钮，"http://www.sohu.com/"就自动填入主页的地址编辑区域中，单击【确定】按钮，即将当前正在浏览的搜狐主页设置为 IE 的默认主页。

（2）通过域名"http://www.jsjjc.shec.edu.cn/"，访问"上海高校计算机应用基础课程教学资源平台"，了解上海计算机一级考试的相关信息，并收藏该网站。

① 在地址栏中输入域名："www.jsjjc.shec.edu.cn"，并按<Enter>键确认，打开"上海高校计算机应用基础课程教学资源平台"的主页面，如图 3-3 所示。

图 3-2　在 IE 浏览器中设置默认主页

图 3-3　上海高校计算机应用基础课程教学资源平台主页

② 选择【收藏夹】|【添加到收藏夹】命令，打开如图 3-4 所示的【添加收藏】对话框，将此教学资源平台页面添加到收藏夹中。

图 3-4　【添加收藏】对话框

▶▶ 操作拓展 ◀◀

● 收藏网页，也可以单击工具栏上的☆按钮，添加收藏。注意：这个是收藏至收藏夹栏中（收藏夹栏位于图 3-3 中菜单栏的下一行）。

● 可以更改图 3-4 名称框中的默认内容，使其更加直观，如改为"计算机基础课程资源网站"。

● 若单击图 3-4 中【新建文件夹】按钮，还可以将此网站收藏到收藏夹的新建文件夹中，从而进行分类收藏管理，便于以后调用。

● 此课程资源平台网站中的某些资源需要注册成网站用户才可享用。所以，可以尝试注册用户，以便于在本课程的后续学习中，更充分地使用此网站的资源。

（3）访问丁丁网（www.ddmap.com），查找从"上海火车站南广场"到"东方明珠"的公交路线，将查询到的公交线路文本信息，复制到文本文件"line.txt"中，保存在"C:\sx3"文件夹中；收藏丁丁网，以方便日后查询使用。

① 在 IE 地址栏中输入域名："www.ddmap.com"，按<Enter>键，打开如图 3-5 所示的"丁丁网"（上海站）主页面。

注意： 如果要查询其他城市，可以悬停鼠标到"上海站[切换城市]"处，从其下拉菜单中选择相应的城市即可。

② 如图 3-6 所示，在【起点】框中输入"上海火车站南广场"，在【终点】框中输入"东方明珠"，然后单击【查询】按钮，进行线路查询。

图 3-5　"丁丁网"(上海站)主页面

图 3-6　在"丁丁网"中查询出行路线

▶▶操作拓展◀◀

若选择其他查询选项,如"开车路线",再单击【路线查询】按钮,就可以查询到自驾的出行线路。

③ 查询结果如图 3-7 所示,一般提供有 3 条出行线路。可以选择各条线路,并结合图示查看起点、终点、换乘等信息。

图 3-7　出行线路查询结果

④ 将查询到的公交线路文本信息,复制到文本文件"line.txt"中,保存在"C:\sx3"文件夹中。

首先选择图 3-7 中线路 1 的文本信息，进行复制（按<Ctrl+C>组合键）；然后，新建文件夹"C:\sx3"，并在其中新建文本文件"line.txt"；最后，双击打开文本文件"line.txt"，将复制的内容粘贴（按<Ctrl+V>组合键）后，保存文件。

⑤ 单击图 3-7 所示网页上的"首页"，切换到丁丁网的首页，选择【收藏夹】|【添加到收藏夹】命令（或单击工具栏上的 按钮），收藏"丁丁网"到收藏夹栏中。

▶▶操作拓展◀◀

对于收藏夹中已保存的网站页面，可以单击【收藏夹】菜单，如图 3-8（a）所示，在展开的收藏内容列表中选择使用；而对于收藏夹栏中已保存的网站页面，收藏夹栏上对应的页面，或是单击收藏夹栏右侧的 按钮，在图 3-8（b）所示的收藏夹栏下拉菜单中选择使用。

（a）【收藏夹】菜单

（b）收藏夹栏右侧的 按钮

图 3-8　使用收藏夹和收藏夹栏

（4）打开已设为默认主页的搜狐网站，通过其导航栏，进入其"IT"站点，再链接到"计算机"栏目，从中寻找一款自己感兴趣的笔记本电脑机型的介绍页面，保存到"C:\sx3"文件夹中，文件名默认。

① 单击 IE 工具栏的主页按钮 ，即可打开搜狐网站。

② 单击搜狐网站首页导航栏中的 IT 链接，进入搜狐"IT 频道"，如图 3-9 所示。

图 3-9　搜狐 IT 频道

③ 单击图 3-9 导航栏中的"计算机"栏目，进入如图 3-10 所示的"电脑频道"栏目。

图 3-10　搜狐的"电脑频道"栏目

④ 在"电脑频道"栏目中，寻找自己感兴趣的一款机型介绍页面，保存到文件夹"C:\sx3"中。选择【文件】|【另存为】命令，打开图 3-11 所示的【保存网页】对话框，选择保存的位置为"C:\sx3"文件夹，文件名称默认，然后单击【保存】按钮。

图 3-11　保存网页

▶▶操作拓展◀◀

　　双击已保存的网页文件，即可在 IE 中打开该页面；也可以选择 IE 浏览器的【文件】|【打开】命令，在弹出的【打开】对话框中单击【浏览】按钮，然后选择该网页文件，打开即可。

　　（5）通过百度搜索网站（www.baidu.com），查找 QQ 聊天软件，并下载保存到"C:\sx3"中。

　　① 在 IE 地址栏中，输入"www.baidu.com"并按<Enter>键，打开百度搜索网站主页面，如图 3-12 所示，在搜索文本框中，输入关键字"QQ"，单击【百度一下】按钮，搜索结果如图 3-13 所示。

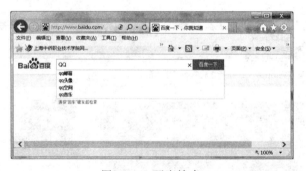

图 3-12　百度搜索

图 3-13　搜索结果显示

② 在搜索结果页面中，单击比较符合条件的链接（此处选择第 2 项），腾讯 QQ 官网，如图 3-14 所示，再单击右侧导航区域中的"软件"栏目，进入图 3-15 所示的"腾讯软件中心"页面。

图 3-14　腾讯 QQ 官网的首页面

③ 单击图 3-15 所示页面上的 QQ 6.4 后面的【下载】链接，并选择下载文件的保存位置，开始下载，下载过程中可通过下载进度，了解下载任务的完成情况。

（6）导出 IE 收藏夹，命名为"bookmark.htm"，保存到"C:\sx3"文件夹中。

选择【文件】|【导入和导出】命令，打开【导入/导出向导】对话框，按向导指引逐步完成操作，如图 3-16 所示。

图 3-15　"腾讯软件中心"页面

25

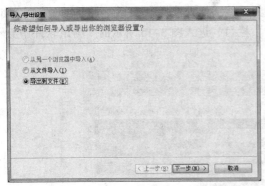

（a）导入/导出设置

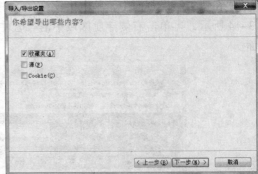

（b）选择导出内容

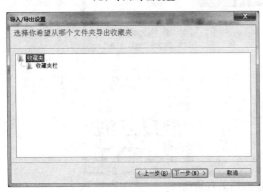

（c）选择导出源

（d）选择导出位置

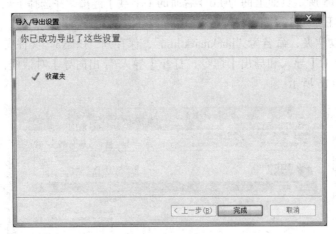

（e）导出成功

图 3-16　导出收藏夹

▶▶操作拓展◀◀

　　导出收藏夹文件"bookmark.htm"后，可以再通过选择【文件】|【导入和导出】命令，在【导入/导出向导】对话框中，选择【导入收藏夹】，方便地将导出文件导入到另一台计算机中。

【任务 2】　注册一个免费的网易 163 电子邮箱，并分别使用 IE 浏览器和 Outlook Express 邮件客户端收发电子邮件。

▶▶ 操作步骤与提示 ◀◀

（1）注册一个免费的网易 163 电子邮箱。

① 在 IE 地址栏中输入"mail.163.com"，打开网易的邮件服务主页面，如图 3–17（a）所示。

② 单击【注册】按钮，进入网易注册新用户的申请页面，如图 3–17（b）所示。

③ 按照网站申请表单内容和要求，填写相关的个人信息，最后完成用户注册。

（a）主界面　　　　　　　　　　　　　　　　（b）注册界面

图 3–17　在网易注册 163 免费电子邮箱

（2）在 IE 中，通过 Web 页面，登录电子邮箱收发邮件。

① 在如图 3–17（a）所示的网易邮件服务主页的用户登录区，输入已注册的用户名和密码，然后单击【登录】按钮，通过用户身份验证后，即可登录到自己的电子邮箱，如图 3–18（a）所示。

（a）用户登录区　　　　　　　　　　　　　　（b）新邮件编辑页面

图 3–18　在 163 电子邮箱中写邮件

② 在图 3–18（a）所示的电子邮箱中，单击【写信】按钮，即可打开图 3–18（b）所示的新邮件编辑页面，编写和发送新邮件的步骤如下：

● 填写收信人的 Email 地址。

注意：多个地址间要用分号分隔。

- 填写邮件内容的主题。
- 书写邮件内容。
- 若有需要随邮件一起发送的附件文件，可单击【添加附件】按钮，选择计算机中作为附件的文件，执行添加附件的操作。
- 最后，单击【发送】按钮，发送邮件。

▶▶ 操作拓展 ◀◀

在【发送】前，还可以根据需要，勾选有关选项，如【紧急】、【已读回执】等。若单击【存草稿】按钮，可将邮件先存入草稿箱，暂不发送。

③ 对于邮箱中已经收到的电子邮件，可单击图 3-18（a）左窗格中的【收件箱】，则在右侧的内容窗格中显示收件箱邮件列表，单击列表中的某邮件，即可打开该邮件，并查看相关内容信息。

注意：如果收到的邮件带有附件，可单击附件右侧的【下载】链接，将附件下载到计算机硬盘中。

▶▶ 操作拓展 ◀◀

目前，很多电子邮件服务商都提供了丰富的邮件管理功能和其他一些非常方便的网络存储与记事功能，如 126、163 中的邮箱服务、网易网盘、记事本、百宝箱等，这些功能可根据用户需要，通过帮助信息了解和使用。

（3）在 Microsoft Outlook 2010 邮件客户端程序中设置待管理的邮件账户。

① 打开 Microsoft Outlook 2010 邮件客户端程序：单击【开始】菜单，选择【所有程序】|【Microsoft Office】|【Microsoft Outlook 2010】命令，打开 Microsoft Outlook 2010 窗口。

② 向 Outlook 中添加邮件账户，设置过程如图 3-19 所示。

- 依次单击【文件】|【信息】|【添加账户】按钮，打开"添加新账户"窗口。
- 弹出对话框，选择【电子邮件账户】，单击【下一步】按钮。
- 选择【手动配置服务器设置或其他服务器类型】，单击【下一步】按钮。
- 选中【Internet 电子邮件】，单击【下一步】按钮。
- 按页面提示填写账户信息（此以 126 邮箱为例），账户类型选择：POP3、接收邮件服务器：pop.126.com；发送邮件服务器：smtp.126.com；用户名：使用系统默认（即不带后缀的@126.com），填写完毕后，单击【其他设置】按钮。
- 单击【其他设置】后会弹出对话框，选择【发送服务器】选项卡，勾选【我的发送服务器（SMTP）要求验证】，并单击【确定】按钮。
- 回到刚才的对话框，单击【下一步】按钮。
- 弹出【测试账户设置】对话框，如出现图 3-19（h）所示情况，说明设置成功了；最后，在弹出的对话框中，单击【完成】按钮。

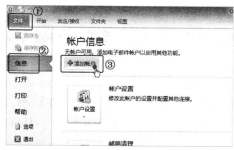

（a）添加账户

（b）选择服务（1）

（c）自动账户设置

（d）选择服务（2）

（e）Internet 电子邮件设置（1）

（f）发送服务器

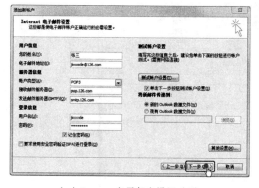

（g）Internet 电子邮电设置（2）

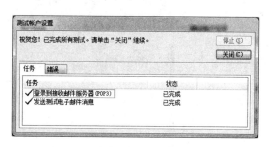

（h）测试账户设置

图 3-19   在 Outlook 中添加邮件账户的设置过程

注意：如果是在 Outlook 中添加其他邮箱，设置步骤同上，只是 POP、SMTP 服务器应分别按邮件服务商所提供的接收邮件服务器和发送邮件服务器地址填写，如 163 邮箱为 pop.163.com 和 smtp.163.com。

（4）在 Outlook 中，使用电子邮箱收发邮件。

① 如图 3-20 所示，在左窗格中找到设置好的邮箱账户，单击其中的【收件箱】，即可在中间窗格上，看到收件箱中的邮件列表，单击选择列表中的某个邮件，则其右侧的内容窗格上方，就可以看到该邮件的具体内容了。

② 单击工具栏上的【新建电子邮件】按钮，则打开图 3-21 所示的新邮件编写窗口，并编写邮件。

③ 单击工具栏上的【发送】按钮，即可由 Outlook 程序自动连接、登录到已设置好的邮箱账户，执行相应的邮件发送任务。

图 3-20　Outlook 窗口界面

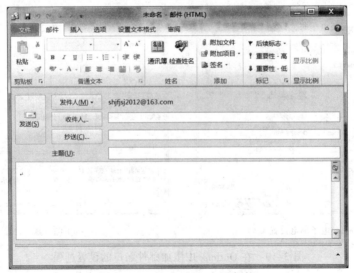

图 3-21　在 Outlook 中写邮件

注意：仅当 Outlook 发送/接收邮件时，才会连接到用户注册的电子邮箱，进行邮件的上传和下载，下载的邮件也会在此时保存到计算机硬盘中特定的文件夹中，因而使用 Outlook 邮件客户端程序，可以在离线时编写邮件或打开收到的邮件进行阅读。

四、课后训练及思考

（1）通过搜狐、新浪等大型门户网站的 IT 频道，查询当前流行的笔记本电脑配置信息，再结合第 1 章的计算机基础知识，为自己挑选一到两款适合自己需要、符合自己心理价位和审美情趣的笔记本电脑。

（2）对初步挑出的计算机机型，再在百度中输入机型等关键字词，搜索其他计算机用户发表的评测信息，以确定是否可以购买。

（3）诗人海子有一首著名的诗歌，其中有一句是："面朝大海"，试使用百度，查找包含此诗句的原文内容。

（操作提示：可通过百度的"知道"栏目进行搜索。可使用组合关键字搜索，如："海子 面朝大海 原文"，注意关键字之间空一格。）

（4）将实训"任务 1"中已下载的 QQ 软件安装到自己的计算机中，并注册 QQ 账户，然后使用已注册的 QQ 号和密码登录，开始体验 QQ 提供的网上即时聊天功能。

（5）将实训"任务 1"中导出的收藏夹"bookmark.htm"文件，导入到自己的另外一台计算机中，从而实现收藏夹的转移与共享。

（6）登录自己的电子邮箱，使用其"通讯录"功能，添加需要经常联系的电子邮箱地址，并在写信时，直接单击【收件人】，从打开的通讯录中选择收件人，添加到收信人的地址框中。

（7）使用 Outlook 软件管理自己申请的免费邮箱，并使用 Outlook 提供的邮件管理功能进行接收邮件、答复邮件、转发邮件、编写新邮件、发送邮件、删除邮件、标记邮件等常用的电子邮件操作。

实训 4
用 Word 编排信函文稿

一、实训目的

（1）熟练掌握文档管理：文档的新建、打开、存储（保存、另存为）的基本操作。

（2）熟练掌握文字与段落编辑的基本操作：插入、修改与删除，复制与移动、查找与替换，撤销、恢复。

（3）熟悉和掌握文字与段落的格式设置：字体格式、段落格式、符号、日期与时间、项目符号和编号、边框与底纹、分栏与首字下沉；掌握段落的拆分、移动、复制等操作。

（4）熟悉格式、特殊字符的查找和替换、页眉、页脚及页码的设置、熟悉文档属性的设置，字数统计、拼写与语法功能。

二、实训环境

（1）中文版 Windows 7 操作系统。

（2）中文 Word 2010。

（3）"实验素材\实训 4 素材"文件夹。

三、实训任务与操作方法

【任务 1】 编写信函。

打开"实验素材\实训 4 素材"中的"w1.docx"，对其进行编辑处理，以"ww1 信函.docx"为文件名保存，最终效果如图 4-1 所示。

▶▶ 操作步骤与提示 ◀◀

1．文字内容与标点符号的确认

（1）插入文字：在"你对"之间插入"近来"两字；在"米奇"前增加一行"Best wishes to you！"：

① 将插入点定位到"你对"之间，切换中文输入法（提示：按<Ctrl+Shift>组合键），输入"近来"两字。

② 要在"米奇"前增加一行，只要将光标定位到"纸短情长，再祈珍重！"后面，按回车键插入新行，然后输入内容。

（2）标点符号：按样张插入书名号、省略号、顿号等中、英文标点符号（注意：中英文标点符号的转换）。

① 英文标点符号直接从键盘输入。

② 中文标点符号则需先切换到"中文标点符号状态",键盘上有的标点符号可直接输入(提示:中文省略号为^,即<Shift + ^>、中文顿号:\)。

③ 插入『、』符号:可调用软键盘,选择"标点符号"类型,单击软键盘上相应的标点符号。

提示:右击输入法状态条上的【软键盘】按钮,在弹出的快捷菜单中选择【标点符号】命令,然后单击相应的符号,如图 4-2 所示。再次单击输入法状态条上的【软键盘】按钮,即关闭软键盘功能。

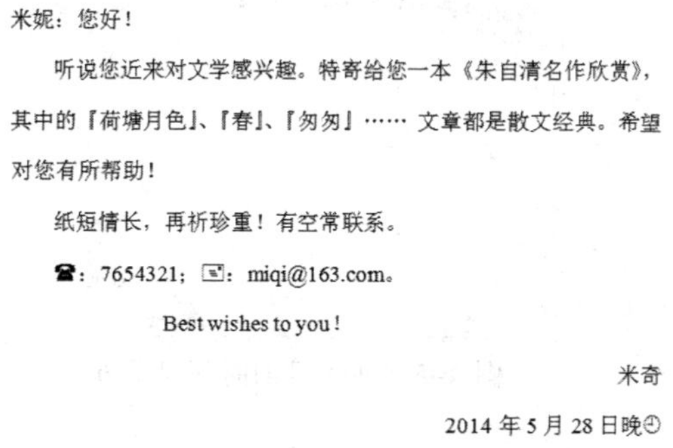

米妮:您好!

听说您近来对文学感兴趣。特寄给您一本《朱自清名作欣赏》,

其中的『荷塘月色』、『春』、『匆匆』…… 文章都是散文经典。希望

对您有所帮助!

纸短情长,再祈珍重!有空常联系。

☎: 7654321; ✉ : miqi@163.com。

Best wishes to you!

米奇

2014 年 5 月 28 日晚⊙

图 4-1 信函样张

图 4-2 利用软键盘输入特殊的"标点符号"

2.段落的合并、拆分、次序调整

(1)移动段落:将"纸短情长,再祈珍重!"与上一段位置互换,并将"有空常联系",与后续的联系方法,拆分成两段。

选中"纸短情长,再祈珍重!"这一段(注意包括段落标记),拖动至前一段的上方,释放鼠标,则完成两段位置的互换。

拓展:如按住【Ctrl】键拖动,在拖动时虚线光标会显示"+"号,则完成段落的复制。

(2)合并段落:将第 3 段和第 4 段合并为一段。

只需要将光标定位在前面一段的段落标记前,按<Delete>键删除其段落标记。

拓展:拆分段落,则只需在要拆分的位置,按<Enter>键,插入一个段落标记即可。

3.替换文字:把所有的"你"替换为"您",并删除全部的多余空格

执行【开始】|【编辑】|【替换】命令,在打开的【查找和替换】对话框中输入相应内容,如图 4-3 所示,然后单击【全部替换】按钮。

图 4-3 【查找和替换】对话框设置

提示:删除空格,相当于将空格,替换成无任何内容。

4．插入特殊符号与当前日期

（1）插入☎、⊠、⊕等符号：

【插入】｜【符号】｜【其他符号】，选择"Windings"字符集，如图4-4所示。

（2）插入日期：

【插入】｜【文本】｜【日期和时间】，选择语言（国家/地区）、格式等，如图4-5所示。

图4-4　插入符号对话框

图4-5　插入日期时间对话框

5．简单的格式设置与排版

（1）将信函字体设置为：中文为"楷体"，西文为"Times New Roman"，三号。

① 选中全文。

② 在【开始】｜【字体】中，打开"字体对话框"，如图4-6进行设置。

（2）抬头一行的称呼：左对齐

选中第一行，在【开始】｜【段落】中：单击【文本左对齐】。

（3）祝福语"Best wishes to you!"：居中对齐。

（4）落款的姓名及日期两行：右对齐。

（5）其他正文部分：两端对齐，且首行缩进2个字符，行距1.5倍，段前、段后间距8磅。

在【开始】｜【段落】中，打开【段落】对话框，按图4-7进行设置。

图4-6　【字体】对话框

图4-7　【段落】对话框

6．设置文档属性及其他

在保存之前，可根据需要进行拼写和语法检查、字数统计、自动保存设置等。

（1）文档属性

- 选择【文件】|【信息】|【属性】|【高级属性】命令，打开文件的【属性】对话框，如图 4-8 所示。
- 在【摘要】选项卡上，将作者和单位修改为自己的姓名、学校，单击【确认】按钮退出。

（2）拼写和语法检查

- 执行【审阅】|【校对】|【拼写和语法】命令，打开拼写和语法对话框，对拼写和语法进行检查。

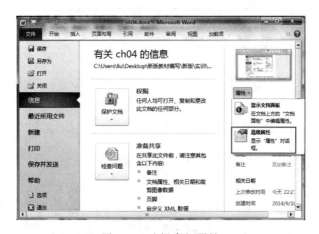

图 4-8　选择高级属性

（3）字数统计

如果希望统计一下这封信的字数，执行【审阅】|【字数统计】命令即可。

（4）显示形式

分别以"页面""阅读版式""Web 版式""大纲""草稿"等不同方式显示文档，观察各个视图的显示特点。

7．保存文件为"ww1 信函.docx"

选择【文件】|【另存为…】命令。

注意：当文件名、扩展名（即文件类型）、存储位置三个要素中，有其一发生改变，则适用于【另存为…】命令，否则，直接选择【保存】命令即可。

【任务 2】　编排文稿。

打开"实验素材\实训 4 素材"中的"W2.docx"，按题目要求操作，以"ww2"为文件名保存结果，样张如图 4-9 所示。

▶▶ 操作步骤与提示 ◀◀

（1）对文档标题"在线阅读，日趋流行"进行如下格式设置：居中放置，字体设置为二号、楷体、加粗、并将"在线阅读"提升 6 磅，"日趋流行"下降 6 磅。如样张分别设置底纹绿色和深红色。

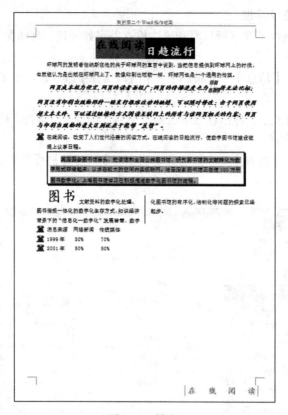

图 4-9　样张

① 将光标置于标题，在【格式】工具栏中选择【段落】组中的【居中】按钮▇。

② 选中标题，在【开始】|【字体】选项卡中设置字体为楷体、字号二号、加粗。

③ 选中"在线阅读"，单击【开始】|【字体】选项卡右下角的"对话框启动器"按钮▇，在打开的【字体】对话框的【高级】选项卡中，将【位置】设置为"提升"，【磅值】设置为"6磅"；"日趋流行"的设置方法相同（"降低""6磅"）；如图 4-10 所示。

④ 分别选中"在线阅读"和"日趋流行"，执行【开始】|【段落】|【边框和底纹】命令，在打开的【边框和底纹】对话框的【底纹】选项卡中进行设置，如图 4-11 所示。

图 4-10　字体高级选项的设置

图 4-11　设置底纹

（2）第二段字体设置为楷体、加粗、倾斜、小四号、带着重号。

选中第二段文字，单击【开始】|【字体】选项卡右下角的"对话框启动器"按钮 ，在打开的【字体】对话框中进行设置，在【字体】选项卡的【着重号】下拉列表框处选择"."。

（3）将第二段中的"印刷出版物"进行组合如【样张】所示，组合字体设置为黑体、红色、11 磅。

合并字符：选中"印刷出版物"，执行【开始】|【段落】|【中文版式】|【合并字符】命令，进行相应设置（"黑体""11 磅"），如图 4-12（a）、（b）所示。

（a）选择【合并字符】命令　　　　　　　　（b）【合并字符】对话框

图 4-12　合并字符

（4）将正文各段首行缩进 2 字符；设置第五段首二字为楷体，下沉 2 行，距正文 0.2 厘米，并将该段分为两栏。

段落缩进、首字下沉、分栏的设置：

① 选中正文，执行【开始】|【段落】命令，在弹出的【段落】对话框进行首行缩进设置（缩进 2 字符），如图 4-13 所示。

② 选中第五段首二字，执行【插入】|【文本】|【首字下沉】命令进行设置（下沉"2"行，距正文"0.2 厘米"），如图 4-14 所示。

③ 选中除下沉字符和该段段落符外的内容，执行【页面布局】|【页面设置】|【分栏】命令，选择【更多分栏…】，打开【分栏】对话框进行设置，如图 4-15 所示。

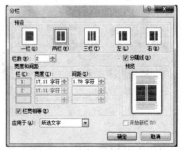

图 4-13　段落设置　　　　图 4-14　首字下沉设置　　　　图 4-15　【分栏】对话框

（5）为正文第四段加上蓝色阴影边框，线宽为 3 磅，文字添加白色，背景 1，深色 25%灰色底纹；整个段落左右缩进 1 厘米。

设置边框和底纹：选中正文第四段，选择【开始】|【段落】|【下框线】|【边框和底纹】命令，弹出【边框和底纹】对话框，然后在【边框】选项卡中进行边框线设置；在底纹选项卡中进行底纹的相应设置，如图 4-16 所示。

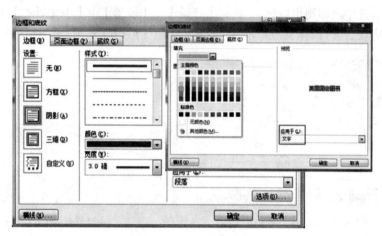

图 4-16　设置边框和底纹

选择【开始】|【段落】命令，弹出【段落】对话框，在【缩进和间距】选项卡的【缩进】左、右输入框中分别输入"1 厘米"。

（6）在文末插入文件"w3.docx"，并将插入后的文本设置如【样张】所示的项目符号：4号、蓝色、粗体、粗红下画线；正文第三段设置同样的项目符号格式。

插入文件，设置项目符号：

① 选择【插入】|【文件】|【对象】|【文件中的文字…】命令，在插入文件的查找范围中找到"w3.docx"，完成整个文档的合并，如图 4-17 所示。

（a）【文件中的文字】命令

（b）【插入文件】对话框

图 4-17　合并文件

② 选中最后三段，选择【开始】|【段落】|【项目符号】下拉列表，如图 4-18（a）

所示。然后再单击【定义新项目符号…】命令，弹出【定义新项目符号】对话框，如图 4-18（b）所示，单击【符号】按钮，打开【符号】对话框，从中选择所要内容；再单击【字体】按钮，从中设置后面内容（4号、蓝色、粗体、粗下画线）。

（a）项目符号

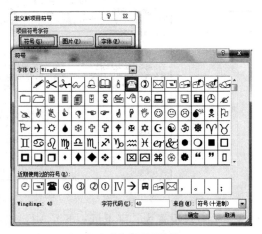

（b）定义新项目符号

图 4-18　设置项目符号

③ 用格式刷设置第三段同样的项目符号格式。

（7）按样张，设置页眉："我的第二个 Word 操作成果"，设置页脚："在线阅读"，粗楷体 3 号红色，左缩进 25 字符、分散对齐，并加 1.5 磅红色框线。

设置页眉页脚：选择【插入】|【页眉和页脚】命令，打开【页眉和页脚】工具栏，如图 4-19 所示，进入页眉编辑状态，输入文本"我的第二个 Word 操作成果"。单击【页眉和页脚】工具栏上的【转至页脚】按钮，转换为页脚编辑，按要求设置格式（"在线阅读"为粗楷体 3 号红色，左缩进 25 字符、分散对齐，并加 1.5 磅红色框线）。

图 4-19　页眉和页脚工具栏

（8）保存文件为：ww2.docx。

【任务 3】　排版电子图书

打开"实验素材\实训 4 素材"中的文件"w4.docx"，根据以下要求进行设置，以"ww4"为文件名保存结果，样张如图 4-20 所示。

（1）将第一、二两段分成等宽两栏，加分隔线。

① 选中第一、二段。

② 在【页面布局】|【页面设置】|【分栏】下拉列表中，选择"更多分栏"，如图 4-21 所示设置。

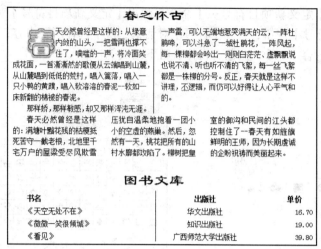

图 4-20　样张

（2）将第一段设置为首字下沉：下沉 3 行，字体为华文彩云，文本效果为快速文本效果库中第 4 行第 4 列；将第三段分成等宽的 3 栏。

① 定位到第一段，在【插入】|【文本】|【首字下沉】下拉列表中，选择【首字下沉选项…】，打开图 4-22 所示的【首字下沉】对话框。

② 选中下沉的文字，设置快速文本效果：第 4 行第 4 列。

注意： 最后一个自然段，不能直接进行分栏设置。所以如果要将最后一个自然段分栏，应先在文末插入一个空自然段，即按<Enter>键。

③ 鼠标定位在文末，按<Enter>键，插入一个空自然段，然后选择第三段，在【页面布局】|【页面设置】|【分栏】下拉列表中，选择"三栏"。

（3）在文档末尾利用制表位插入如样张所示的文本，其中标题为"隶书、18 号、居中"，字段名称"宋体、10 号、加粗"，其余的为"宋体、10.5 号"。

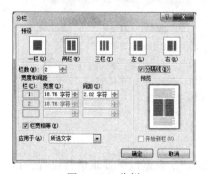

图 4-21　分栏

图 4-22　首字下沉

① 输入文字，注意字段之间用<Tab>键隔开，按<Enter>键，进行下一行（段）的设置。

② 单击【开始】|【段落】中的对话框启动器按钮，在对话框话框中，单击左下角的【制表位】按钮，设置各个"制表位"，如图 4-23 至图 4-26 所示。

（提示：厘米单位会自动转成字符单位）

图 4-23　设置第 1 个制表位参数

图 4-24　设置第 2 个制表位参数

图 4-25　设置第 3 个制表位参数

图 4-26　设置第 4 个制表位参数

③ 然后每输入一个词，按<Tab>键，即可按设置的位置排版内容。

拓展：也可以先利用<Tab>键，输入文字内容后，再选中该段落，设置制表位的参数。

④ 分别设置标题和正文的字体。

（4）保存文件为"ww4.docx"。

四、课后训练及思考

1. 制作求职自荐书，以下操作提示及样张（见图 4-27）仅供参考，以原文件名保存。

（1）打开 "实验素材\实训 4 素材"素材中的"自荐书.docx"文档，将标题"自荐书"，设置为楷体、一号、蓝色、加粗、居中；缩放至 90%，间距加宽，磅值为 1。

（2）设置段落格式为首行缩进 2 字。

（3）将最后一段的第一个字设为首字下沉，字体设置为隶书、加粗、下沉行数为 2。

（4）插入问候语"再次致以我诚挚的谢意！"，文本效果为快速文本效果库中第 3 行第 5 列，居中，段前、段后均为 1 行。

自荐书

尊敬的领导：
您好！

首先衷心感谢您在百忙之中抽出宝贵的时间来阅读我的自荐书。

我是上海中侨职业技术学院 08 届的一名毕业生，所学专业是涉外会计。在面临择业之际，我怀着一颗赤诚的心和对事业的执着追求，真诚地推荐自己。

我热爱涉外会计专业，在校期间我刻苦学习专业知识，积极进取，在各方面严格要求自己，并且以社会对人才的需求为导向，使自己向复合型人才的方向发展。在课余时间，我还进行了一些知识储备和技能训练，自学了行政管理等知识，努力使自身适应社会需求。

我性格开朗、自信，为人真诚，善于与人交流，踏实肯干，责任心很强，具有良好的敬业精神，并敢于接受具有挑战性的工作。一个人只有不断地培养自身能力，提高专业素质，拓展内在潜能，才能更好地完善自己、充实自己，更好地服务于社会。不是所有的事情都要靠“聪明”才能完成，成功更青睐于勤奋、执着、脚踏实地的人。

也许在众多的求职者中，我不是最好的，但我可能是最合适的。“自强不息”是我的追求，“脚踏实地”是我做人的原则，我相信我有足够的能力面对今后工作中的各种挑战，真诚希望您能给我一个机会来证明我的实力，我将以优秀的业绩来答谢您的选择！

再次致以我诚挚的谢意！

此致
敬礼！

自荐人：黄欢欢
2014 年 5 月 26 日

图 4-27　样张

2. 启动 Word，打开“实验素材\实训 4 素材”中的“海宝.docx”文件，按下列要求操作，结果如图 4-28 所示，并以“newhb.docx”为文件名保存。

（1）将第一、二、三段分为等宽三栏。并将此部分内容里的“人”设置为红色、突出显示。

（2）第四段段首插入蓝色笑脸符号（Wingdings 字体集）、大小为二号。

（3）最后一段设置红色、3 磅带阴影边框。

“海宝”以汉字“人”作为核心创意，体现了中国传统文化的深厚和“以人为本”的时代精神内涵，是中国改革开放近 30 年来经济、社会以及人的精神面貌巨大变化的生动写照。

“海宝”选择“蓝色之水”作为主形态，既显示出世博会举办地上海濒江临海的地域特色和自然之美，也是一种开放包容的象征，展现出中国融入世界、拥抱世界的崭新姿态。

水是生命之源。“海宝”的蓝色主色调，还代表着地球、梦想、海洋、生命、未来、科技，与上海世博会“城市，让生活更美好”的主题可谓深度契合。

☺上海世博会的主题告诉世人，构成城市的主体是人，创造美好生活的主体是人，享受美好生活的主体也是人，国家和社会的发展要“以人为本”。人，既是城市的细胞，又是城市的灵魂——人赋予城市文化、性格和创造力。随着全球城市化进程的加速，越来越多的人成为“城市人”。只有全世界的“人”相互支撑，人与自然、人与社会、人与人之间和谐相处，世界才会更美好。

图 4-28　样张

实训 5
用 Word 制作表格

一、实训目的

（1）掌握文本与表格的转换；
（2）掌握表格的绘制、编辑、计算、排序等。

二、实训环境

（1）中文版 Windows 7 操作系统；
（2）中文版 Word 2010；
（3）"实验素材\实训 5 素材"文件夹。

三、实训任务与操作方法

【任务1】 文本转换为表格。

▶▶ 操作步骤与提示 ◀◀

（1）文本转换为表格。

在 Word 中打开实训素材\实训 5 素材中的"牛奶销售统计.docx"后，将其内容全部选中，然后选择【插入】|【表格】|【文本转换成表格】命令，并在弹出的对话框（见图 5-1）的【文字分隔位置】栏中选中【制表符】单选按钮，最后单击【确定】按钮，以"tj1.docx"为文件名保存。

（2）将此时的表格再次转换为文本。

选中整个表格，执行表格工具栏【布局】|【数据】|【转换为文本】命令，并在弹出的【表格转换成文本】对话框中选中【制表符】单选按钮，然后单击【确定】按钮，如图 5-2 所示。

图 5-1　将文字转换成表格

图 5-2　表格转换成文本

【任务2】 制作"销量统计表"。

打开任务1操作结果"tj1.docx"，建立图5-3所示的各种牛奶销售统计表（箱），以"tj2.docx"为文件名保存结果，并进行下列操作。

各种牛奶销售统计表（箱）

季度 品名	第一季度	第二季度	第三季度	第四季度
草莓牛奶	115	160	230	125
巧克力牛奶	212	289	320	180
柠檬牛奶	109	120	189	89
甜橙牛奶	98	156	245	118
酸奶	230	320	380	267
菠萝牛奶	123	178	263	145

图5-3 各种牛奶销售箱数统计表

▶▶ **操作步骤与提示** ◀◀

（1）将表格标题设置为三号、黑体、居中。

选中表格标题，利用【开始】|【字体】选项进行字体、字号设置，设置居中对齐。

（2）删除"酸奶"一行；在表格底部添加空行，计算平均值；在表格最右边添加1列，计算各种牛奶全年的销售总和，并按"全年总计"列降序排列表格内容。

① 插入与删除行、列：选择表格最后一行，利用【表格工具】|【布局】|【行和列】|【在下方插入行】命令，添加一行；在该行第1列单元格内输入行标题"平均值"。

② 选中"酸奶"一行，单击鼠标右键，在快捷菜单中选择删除行。在表格最后1列的右边添加1列，列标题为"全年总计"。

③ 计算：利用【表格工具】|【布局】|【数据】|【公式】命令计算"平均值"和"总计"，利用"AVERRAGE"函数计算平均值，利用"SUM"函数计算"总计"。如图5-4、图5-5所示。

注意： 在计算之前，应先单击计算结果单元格（放平均值或总和结果的单元格）；在"公式"对话框中公式应以"="开头，使用函数时应注意括号中的数值区域是否正确。本案例中求和公式均可为"=SUM(LEFT)"，求平均值公式均可为"=AVERAGE(ABOVE)"。

图5-4 计算平均值

图5-5 计算全年总计

④ 数据排序：按"全年总计"降序排列表格内容时，先选定"全年总计"列数据（注意不包括最后一行平均值数据），再选择【表格工具】|【布局】|【数据】|【排序】命令，在【排序】对话框中选择主要关键字为"全年总计"，并选中【降序】单选按钮，如图5-6

所示。

（3）绘制斜线表头。

选择【开始】|【段落】|【下框线】下拉菜单，选择【斜下框线】命令，添加斜线表头，设置字体大小为"小五"，输入相应的行标题（季度）和列标题（品名）。

（4）表格中第 1 行内容和第 1 列内容水平居中，其他单元格内容右对齐；表格自动套用格式"列表型 2，并将表格居中。

① 对齐：可以利用【开始】|【段落】|选项中的对齐按钮快速设置对齐方式。

② 自动套用格式：先选择表格，然后选择【表格工具】|【设计】|【表格样式】|【内置列表型 2】，如图 5-7 所示。

（5）此次结果以"tj2.docx"为文件名进行保存。

图 5-6　排序

图 5-7　表格计算和格式化结果

各种牛奶销售统计表（箱）

品名 ＼ 季度	第一季度	第二季度	第三季度	第四季度	全年总计
草莓牛奶	115	160	230	125	630
巧克力牛奶	212	289	320	180	1001
柠檬牛奶	109	120	189	89	507
甜橙牛奶	98	156	245	118	617
菠萝牛奶	123	178	263	145	709
平均值	131.4	180.6	249.4	131.4	692.8

【任务 3】　制作一张课程表。

新建 Word 文档：根据要求创建表格，并进行设置，最终效果如图 5-8 所示。

课程表					
节次 ＼ 星期		星期一	星期二	星期三	星期四	星期五
上午	第 1-2 节	大学英语	高等数学	计算机基础	财务会计	金融理财
	第 3-4 节	写作	思想道德修养		大学英语	高等数学
下午	第 5-6 节		财务会计	金融理财	自修	
	第 7-8 节		体育	心理学	书法	

图 5-8　课程表样张

▶▶ 操作步骤与提示 ◀◀

（1）插入一个 5 行 6 列的表格，按样张合并单元格（注意：此处是样张的后 5 行），绘制斜线表头，输入内容。

① 单击【插入】|【表格】中的表格的下拉列表，设置 5 行 6 列的表格。

② 选定需要合并的单元格，在右键快捷菜单中，选择"合并单元格"命令（提示：也可单击【表格工具】|【布局】|【合并单元格】)。

③ 选中表格，在浮动工具【表格工具】|【设计】|【绘图边框】中，单击"绘制表格"按钮，绘制斜线表头，以及所需要的上、下午及节次间的分隔线。

④ 输入表格中的文字内容。

（2）将表格的列宽自动调整为"适合数据内容"的列宽，并设置表格在整个页面中居中放置，除了表头外，其余单元格中的内容水平垂直均居中，斜线表头单元格的文字格式如样张所示，分别右对齐、左对齐。

① 选中表格；在【表格工具】|【布局】|【单元格大小】中，单击【自动调整/根据内容调整表格】命令按钮。

② 选中表格：选择【开始】|【段落】|【水平居中】。（提示：也可在右键的快捷菜单中，选择【表格属性】|【表格】|【对齐方式】|【居中】命令）

③ 选中除第一行表头斜线外的所有单元格，在右键快捷菜单中，选择【单元格对齐方式/水平居中】命令（提示：也可单击【表格工具】|【布局】|【对齐方式】|【水平对齐】命令）。

④ 定位到斜线表头单元格，设置：第一行，右对齐，第二行，左对齐。

（3）在表格上方插入新的一行，输入标题"课程表"。

① 定位到表格的第一行，在右键快捷菜单中，选择"插入/在上方插入行"命令。

② 合并新插入的第一行所有单元格。

③ 在浮动工具【表格工具】|【设计】|【绘图边框】中，单击【擦除】按钮，鼠标光标变成一个橡皮的形状，单击要擦除的斜线，即可删除斜线。（注意：擦除后，弹起"擦除"按钮）

④ 输入标题文字：课程表。

（4）按样张，将表格标题字体设置为"蓝色、22号、加粗、隶书"；整个表格设置为"蓝色、3磅、双线"外边框；标题所在单元格设置为"橄榄色，淡色40%"填充，"15%、自动"图案的底纹，下边框线设置为"蓝色、2.25磅、虚线"；倒数第二行的上边框设置为"0.75磅、双线"。

① 选中标题，设置字体：蓝色、22号、加粗、隶书。

② 选中表格，打开【表格工具】|【设计】|【表格样式】中的"边框"下拉列表，选择"边框和底纹"，设置外边框：双线、蓝色、3磅，如图5-9所示。（注意：先按下"自定义"按钮，配合预览图进行外边框设置，不要将原有的内部细实线去掉。）

③ 选中第一行，设置边框和底纹："橄榄色，淡色40%"填充，"15%、自动"图案的底纹，以及"蓝色、2.25磅、虚线"下边框线；如图5-10、图5-11所示。

④ 选中倒数第二行，设置上边框：0.75磅、双线，如图5-12所示。

图5-9　课程表外框线设置

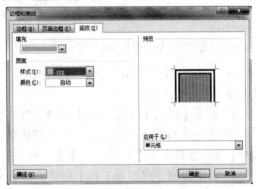

图5-10课程表第一行底纹设置

图 5-11　课程表第一行边框线设置

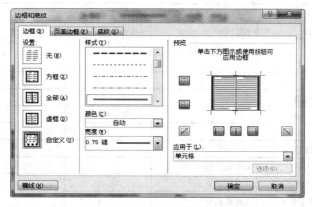

图 5-12　课程表倒数第二行边框线设置

（5）保存文件为"课程表.docx"。

四、课后训练及思考

（1）参照样张，制作一份成绩单，保存文件为：ww2 成绩单.docx，最终效果如图 5-13 所示。

① 打开素材中的文件"w5 成绩单.docx"，按下列要求对其进行编辑处理。

② 将文本转换为表格。

③ 按"计算机应用"成绩由高到低排序。

④ 按样张在最后插入一列，输入文字"总分"，在最下方插入一行，输入文字"平均分"。

姓名	高等数学	计算机应用	总分
李明	70	90	160
王武	65	86	151
赵小敏	56	82	138
张名利	50	68	118
平均分	60.3	81.5	

图 5-13　成绩单样张

⑤ 利用公式计算总分和平均分，平均分保留一位小数。

⑥ 将表格套用"中等深浅底纹 2—强调文字颜色 2"的内置样式。

⑦ 保存文件为：ww2 成绩单.docx。

（2）以表格的形式制作个人简历，风格样式自定。样张（见图 5-14）仅供参考。

《姓名》	求职意向	《照片》
《性别》《政治面貌》		
《通信地址、邮箱》		
《联系电话》		
《电子邮箱》		
教育背景		
<时间><阶段>	<学校专业><姓名>	主修课程	
实践经验		
<时间>	<角色>	<任务>	
<任务概述，能力锻炼与培养收获>		
<时间>	<角色>	<任务>	
<任务概述，能力锻炼与培养收获>		
...		
校内工作		
<时间>	<组织>	<角色>	
<能力培养>		
...		
荣誉奖励		
<时间>		<成果>	
个人技能		
英语水平	<成果指标>		
计算机水平	<成果指标>		
<其他专长>	<成果指标>		
自我评价		

图 5-14 个人简历样张

（3）简单说明如何在文档内实施表格与文本的相互转换。

实训 6
图文混排

一、实训目的

（1）熟悉插入艺术字体、图片、公式等操作方法；

（2）熟悉图片的旋转和翻转、组合和对齐的操作方法；

（3）熟悉自选图形及绘图方法；

（4）熟悉文本框及对象格式设置的方法；

（5）熟悉音频和视频对象的插入方法；

（6）熟悉和掌握插入表格、编辑表格内容、设置表格格式的操作方法。

二、实训环境

（1）中文版 Windows 7 操作系统；

（2）中文版 Word 2010；

（3）"实验素材\实训 6 素材"文件夹。

三、实训任务与操作方法

【任务 1】 制作一份介绍神舟九号飞船的简报。

打开"实训 6 素材\ w1 飞船.docx"文件，按下列要求对其进行编辑处理，以"ww1 飞船.docx"作为文件名保存，最终效果如图 6-1 样张所示。

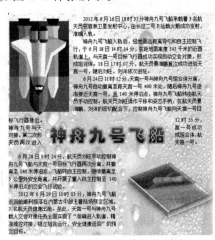

图 6-1　ww1 飞船简报的样张

▶▶ **操作步骤与提示** ◀◀

（1）插入图片"飞船.jpg"，大小调整为原来的70%，并按样张所示裁剪掉右侧飞船。

① 插入图片：单击【插入】|【图片】，选择实训6素材中的图片文件"飞船.jpg"。

② 调整图片大小：选择动态标签【图片工具】|【格式】，并打开【大小】对话框，如图6-2所示，设置图片大小缩放为原来的70%。

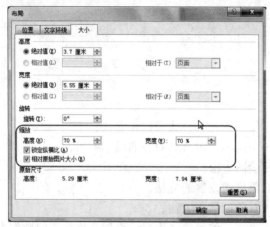

图6-2　在【布局】对话框中缩放图片大小

③ 裁切图片：单击【图片工具】|【格式】|【大小】|【裁剪】，拖动图片上出现的裁剪控制点，去除掉右侧的飞船部分。

④ 修改图片颜色：重新着色为"蓝色，浅色"，使用"预设10"图片效果。

- 选择【图片工具】|【格式】|【调整】|【颜色】下拉列表中的【重新着色，蓝色，强调文字颜色1，浅色】。

- 单击【图片工具】|【格式】|【图片样式】|【图片效果】，如图6-3所示，使用预设中的【预设10】。

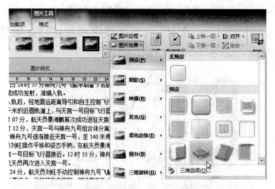

图6-3　设置图片效果

⑤ 设置图文混排：

右击图片，选择快捷菜单中的【自动换行】|【四周型环绕】命令。

⑥ 移动图片到合适位置。

（2）插入图片"水泡.jpg"，设置水印效果，衬于文字下方，适当缩放。

① 插入图片水泡.jpg。

② 图片颜色调整：选择【图片工具】|【格式】|【调整】|【颜色】下拉列表中的"重新着色，冲蚀"。

③ 图片与文字的环绕方式：

● 右击图片，选择快捷菜单中的【自动换行】|【衬于文字下方】命令。

● 右击图片，在快捷菜单中设置为"置于底层/置于底层"，适当缩放，移动到合适位置。

（3）插入如样张所示剪贴画，将剪贴画垂直翻转，改变环绕方式，置于文档左上角。

① 插入剪贴画：单击【插入】|【插图】|【剪贴画】，在图 6-4 所示的"剪贴画"窗格中，搜索"spaceship"，选择图片后，单击插入到文档中。

② 剪贴画垂直翻转：单击【绘图工具】|【格式】|【排列】|【旋转】|【垂直翻转】按钮。

③ 图片与文字的环绕方式：四周型环绕，并适当缩放，移动到文档的左上方。

（4）将标题设置为艺术字，样式为艺术字库中第 4 行第 1 列，字体为华文琥珀，36 号，紧密型环绕。

① 标题艺术字：选中标题文字"神舟九号飞船"，单击【插入】|【文本】|【艺术字库】中的第 4 行第 1 列样式。

② 设置艺术字的字体字号：华文琥珀，36 号。

③ 艺术字与文字的环绕方式：紧密型环绕。

（5）保存文件为：ww1 飞船.docx。

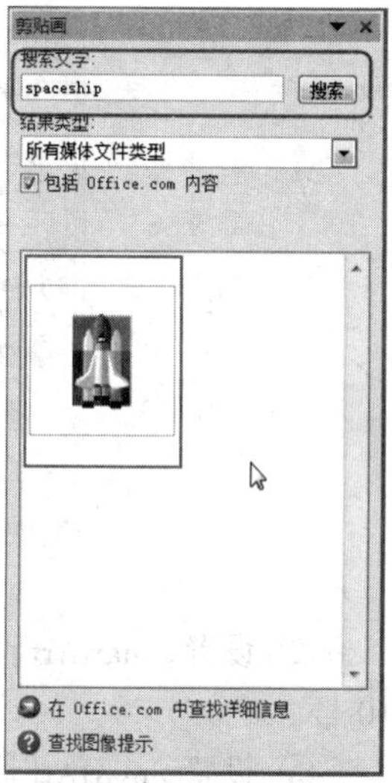

【任务 2】 美化排版。

打开"实训 6 素材\w2 计算机的演变.docx"文件，按下列要求对其进行编辑处理，以"ww2 计算机的演变.docx"为文件名进行保存，最终效果如图 6-5 所示。

图 6-4   剪贴画窗格

图 6-5   ww2 计算机的演变样张

▶▶ **操作步骤与提示** ◀◀

（1）将标题设置为蓝色、华文隶书、24 号、加粗、居中，并添加"发光变体"的文本效果，选择"橙色，18pt 发光，强调文字颜色 6"的文本效果。

（2）如样张所示，插入 SmartArt 图形，并改变方向，文字为宋体，10 号，四周环绕。

① 插入 SmartArt 图形：单击【插入】|【插图】|【SmartArt】，打开对话框，在"图片"类选择"圆形图片标注"，如图 6-6 所示。

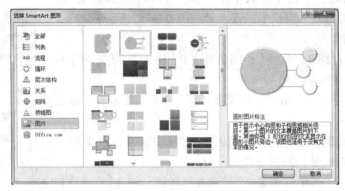

图 6-6 选择 SmartArt 图形

② 设置 SmartArt 图形中的文本内容：单击文本区，插入如样张所示文字，并设置：宋体，10 号。

③ 设置 SmartArt 图形中的图片内容：单击图片区，插入如样张所示图片，单击【SmartArt 工具】|【设计】|【SmartArt 样式】中的【强烈效果】。

④ 改变 SmartArt 图形的方向：如图 6-7 所示，单击【SmartArt 工具】|【设计】|【创建图形】中的【从右向左】按钮。

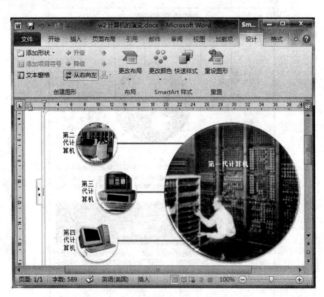

图 6-7 改变 SmartArt 图形的方向

⑤ SmartArt 图形与文字的环绕方式：四周型环绕。

⑥ 调整 SmartArt 图形大小与位置。

（3）对第二段文本开头的文字"埃尼阿克"设置拼音样式。

选中文本，单击【开始】|【字体】|【拼音指南】，在打开的"拼音指南"对话框中进行设置，如图 6-8 所示。

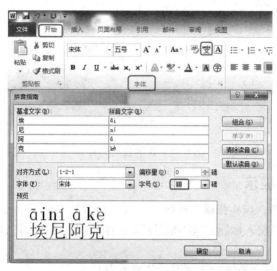

图 6-8　拼音指南对话框

（4）按样张将第三段加入竖排文本框中，文字改为隶书，文本框效果为"强烈效果——蓝色，强调颜色 1"，按样张移动到适当的位置（技巧：先文本框,后放文字）

① 插入文本框：

选择【插入】|【文本】|【文本框】中的【竖排文本框】命令，用鼠标在文档中拖动出一个文本框。

② 设置文本框效果：

单击文本框，在【绘图工具】|【格式】|【形状样式】中，选择文本框效果为"强烈效果——蓝色，强调颜色 1"。

③ 添加文字内容：

将第三段文字移动到文本框中，更改文字为隶书。（技巧：仅选择文字部分，不包含段落标记）。

④ 文本框的排版方式：上下型环绕，并调整文本框的位置。

（5）在文末插入音频 Wait.mp3 和视频 Chongci.AVI，居中显示图标，文件在素材文件夹中。

单击【插入】|【文本】|【对象】，在打开的"对象"对话框中，选择"由文件创建"选项卡，从素材文件夹中找到指定文件后，单击"插入"按钮。

提示：仅出现音频和视频对象的图标，双击图标可播放。

（6）保存文件为：ww2 计算机的演变.docx。

【任务 3】　编写数学公式。

新建 Word 文档，按照样张，编写数学公式，并插入自选图形，按要求进行设置，效果如图 6-9 所示。

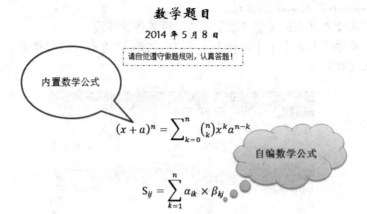

图 6-9　数学公式的样张

▶▶ **操作步骤与提示** ◀◀

（1）新建 Word 文档，按样张输入标题、插入日期、文本框。

① 在第一行按样张输入标题："数学题目"（字体格式自定）。第二行插入日期，自动更新，居中。

② 输入文字："请自觉遵守做题规则，认真答题！"。

③ 选中刚刚输入的文字，选择【插入】|【文本框】|【绘制文本框】命令。

④ 单击文本框，选择【绘图工具】|【格式】|【形状样式】|【形状轮廓】|【虚线】|【画线-点】，如图 6-10 所示。

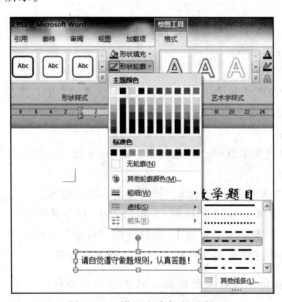

图 6-10　设置文本框的边框

⑤ 文本框设置为嵌入式，居中对齐，文本框后空 2 行。

（2）按样张编辑公式，设置字体为 16 号。

① 插入内置的数学公式：在【插入】|【符号】|【公式】下拉列表中，选择"二项式

定理"，插入二项式定理的数学公式。

② 插入自定义的数学公式：在【插入】|【符号】|【公式】下拉列表中，选择【插入新公式】命令，在浮动工具【公式工具】|【设计】选项卡的"结构"组中，按样张的公式结构，进行相应的设计。

技巧：①选择布局结构；②插槽定位（可用鼠标单击或使用键盘上的左、右编辑键定位）；③键盘上有的数学符号直接输入，键盘上没有的符号通过工具面板上的"符号"库选择输入。

③ 分别选择以上两个数学公式，设置公式的字号为：16 号。

（3）按样张分别插入椭圆形标注和云形标注，椭圆形标注的形状样式为"彩色轮廓、红色，强调颜色 2"，输入文字"内置数学公式"；云形标注的形状样式为"细微效果、橙色，强调颜色 6"，输入"14 号、加粗"的文字"自编数学公式"。

① 插入形状：椭圆形标注。

● 在【插入】|【插图】|【形状】的下拉列表中，选择"标注"中的"椭圆形标注"，然后拖动鼠标绘制形状。

● 在【绘图工具】|【格式】选项卡的【形状样式】组的形状样式库中选择"彩色轮廓、红色，强调颜色 2"。

② 在椭圆形标注中输入文字"内置数学公式"。

右击标注，选择【添加文字】命令，输入文字"内置数学公式"。

③ 插入形状：云形标注。

● 在【插入】|【插图】|【形状】的下拉列表中，选择【标注】|【云形标注】，然后拖动鼠标绘制形状。

● 在【绘图工具】|【格式】选项卡的【形状样式】组的形状样式库中选择"细微效果、橙色，强调颜色 6"。

④在云形标注中输入文字"自编数学公式"，并设置字号为 14 号、加粗。

● 右击标注，选择【添加文字】命令，输入文字"自编数学公式"。

● 选中标注，在【开始】|【字体】中，选择字号：14，并单击"加粗"按钮。

（4）保存文件为：ww3 数学公式.docx。

四、课后训练及思考

（1）利用图文混排技术制作个性化的个人简历封面，图片或者毕业院校 Logo 可利用网络搜索素材，风格自定。样张（见图 6-11）仅供参考。

（2）启动 Word，打开"实训 6 素材\日全食.docx"文件，按下列要求操作，并以"newrqs.docx"作为文件名保存结果。

① 使用文本框设置标题为宋体、一号、字间距加宽到 3 磅，分散对齐，并加"白色大理石"填充效果；最后一段设置为橙色、3 磅、双线、带阴影边框。

② 将正文中所有段落首行缩进 2 字符、两端对齐、段前间距为 0.3 行；第二段分为等宽二栏并添加分隔线；将正文前二段中所有的"日"字设置为红色、粗斜体。

③ 按样张插入图片"素材\日食.jpg"，高、宽均缩小为 13%，添加红色、点画线的边框，

图文混排；文末插入公式。结果如图 6-12 所示。

注意：分栏及图文混排位置应与样张大致相同。

图 6-11　求职简历封面

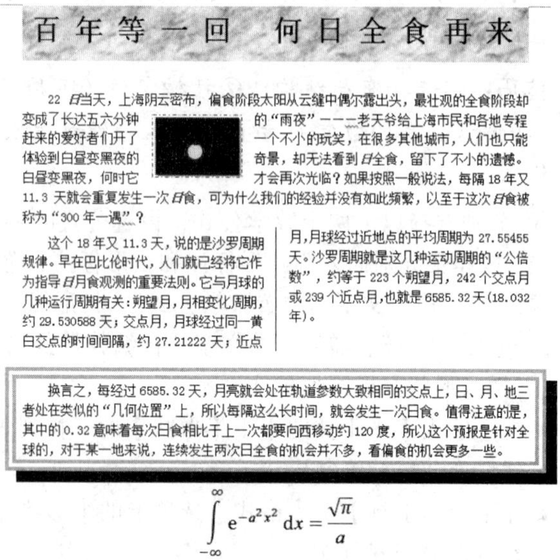

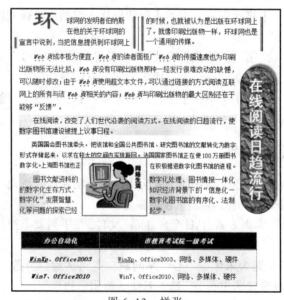

图 6-12　操作结果

（3）打开"实训 6 素材\在线阅读.docx"文件，按题目要求进行操作，并以"newzxyd.docx"作为文件名保存结果，样张如图 6-13 所示。

① 将正文的第 3、4、5 段段间空一行，将正文中第 1、2、4 段文字的字号设置为小四号，正文各段均首行缩进 2 字符，同时取消第四段的分栏。

图 6-13　样张

② 将第一段行距设置为 1.2 倍行距，段后间距 8 磅，首字设置为蓝色、隶书、下沉二行，距正文 0.5 厘米。

③　将第二段中所有的"网页"替换成红色粗斜体，并加着重号的"Web 页"。

④　对第一段分成等宽两栏，加 3 磅紫色框线；第三、五两段设置为"正文文字"样式，并加 30%黄色图案底纹。

⑤　将标题置于一圆角矩形图内，并加上"纸袋"填充效果，图形内文字采用黑体、一号、加粗、白色，设置图形阴影样式外部"右上斜偏移，距离为 7 磅"，并混排于如样张所示大致位置处。

⑥　在正文大致位置上插入 Computer 剪贴画和文字"网络生活"，并加上边框。

⑦　在正文最后插入如样张所示的表格，（表格与正文空一行）表格的第 1 列列宽 5 厘米，第 2 列列宽 10 厘米。表格样式内置彩色型 2 格式。

（4）启动 Word 2010，打开"实训 6 素材\生物圈保护区.docx"文件，按下列要求操作，将结果（如图 6-14 所示）以"newsw.docx"为文件名保存。

图 6-14　样张

①　添加页眉和页脚。页眉：插入学号姓名班级。页脚：插入页码，四号，居中。

②　插入艺术字标题"生物圈保护区"。先第 3 行第 5 列，华文行楷，36 号。艺术字文本填充为渐变填充中预设颜色的"彩虹出岫"。文字环绕方式采用上下型，水平居中。

③　将此艺术字标题调整为"两端远型"、并采用阴影样式外部向右偏移、阴影的颜色选用

浅绿色。

④ 对第一自然段第一行中的文字"世界生物圈保护区"设置字符格式：楷体、加粗、倾斜，小三号，水绿色，强调文字颜色 5，深色 25%，波浪线，字符间距加宽 1.5 磅，文字效果为"发光红色，5pt 发光，强调文字颜色 2。

⑤ 对第二自然段设置段落格式、边框：首行缩进 2 字符，段前、段后间距 12 磅，1.3 倍行距；边框：阴影双线型，橙色，1.5 磅。

⑥ 对第三自然段：分栏，插入图片。分栏偏左，要分隔线。插入图片"1.bmp"，大小为原来的 150%，亮度为 40%，紧密型环绕方式，放在合适的位置。

⑦ 对第四自然段：替换字体，添加底纹。段落格式：段前 2 行，段后 0.5 行。首行缩进 2 字符。将本段所有"中国"替换为"China"，替换后的字体为 Time New Roman、蓝色。文字添加紫色，强调文字颜色 4，淡色 40% 的填充色，段落设置浅色棚架图案底纹，颜色为蓝色，强调文字颜色 1，淡色 40%。

⑧ 插入背景图片"背景.JPG"。颜色更改为重新着色冲蚀效果，衬于文字下方。位置摆放见样张。

⑨ 参照样张为第四自然段添加一文本框，该文本框的边框线为 2.25 磅的黄色长虚线。

⑩ 在文末的空白处嵌入图片"环保.JPG"，居中对齐。

（5）思考以下问题：

① 在 Word 中，插入的图片有几种版式可以设置？它们有哪些区别？

② 当被插入的图片无法旋转时，应该如何处理？

③ 分栏、分节的概念是什么？

④ 简述文本框的功能。

⑤ 简述使用样式的意义，如何创建、修改和使用样式？

⑥ 对于长文档（如毕业论文），应如何运用样式设置各级标题、插入目录、设置奇偶页不同的页眉页脚？

实训 7
电子表格的编辑、数据计算与格式设置

一、实训目的

（1）熟练掌握数据输入和编辑的基本方法；
（2）掌握不同工作表之间数据的复制、粘贴、工作表的命名等；
（3）熟练掌握利用公式、常用函数进行数据运算及单元格的引用；
（4）熟练掌握表标题设置、表格格式化操作及表格边框线设置；
（5）掌握设置批注及条件格式的设置。

二、实训环境与素材

（1）中文版 Windows 7 操作系统；
（2）中文版 Excel 2010 软件；
（3）"实训素材\实训 7"素材文件夹。

三、实训任务与操作方法

打开"实训素材\实训 7"文件夹中的"sc7.xlsx"文件，按下列要求操作，最终结果如图 7-3 所示（可参阅"sc7yz.xlsx"）。

【任务 1】 电子表格的编辑、数据的删除、移动和隐藏。

对 Sheet1 工作表进行操作，删除空行（第 8 行），将 A19:H20 处两条记录移动插入到学号为"104"记录的后面，隐藏"班级编号"列。

▶▶ 操作步骤与提示 ◀◀

（1）单击行号 8，选中该行。右击该行，从弹出的快捷菜单中选择【删除】命令，删除该空行。
（2）选取 A7:H12，将其拖动至 A9:H14，选中 A18:H19，将其拖动至 A7:H8。
（3）右击列标 D，从弹出的快捷菜单中选择【隐藏】命令。

【任务 2】 数据计算。

▶▶ 操作步骤与提示 ◀◀

（1）公式的输入、表复制、修改表标签。

对 Sheet1 工作表中，计算所有学生的"考试课总成绩"（三门"考试"课的成绩相加）；将表 Sheet1 内容复制到 Sheet2~Sheet5 备用，将表标签 Sheet1 更改为"成绩"，且更改该表标签

颜色为"橙色，强调文字颜色6，深色25%"。

① 选中 I3，输入"=E3+F3+H3"或"=SUM（E3,F3,H3）"，按<Enter>键确认；选中 I3，拖动其自动填充柄复制公式至 I14。

② 选取 A1:I14 区域，右击选定区域，从弹出的快捷菜单中选择"复制"命令，将选定区域录入到剪贴板；选中表标签 Sheet2~Sheet5（先选中 Sheet2，然后按住<Shift>键不放，单击 Sheet5）；将插入点定位在 Sheet2 的 A1 单元格，单击工具栏"粘贴"按钮，完成表复制。

③ 双击 Sheet1 表标签，进入编辑状态，修改为"成绩"，按<Enter>键或单击任意单元格，完成修改；右击该表标签，在弹出的快捷菜单中选择"工作表标签颜色"，选择"橙色，强调文字颜色6，深色25%"。

（2）使用函数编写公式。

在成绩表的 A15、A16、A17 输入"最高分""最低分""总平均分"，计算四门课程的"最高分""最低分"。

① 分别选中 A15、A16、A17 输入"最高分""最低分""总平均分"。

② 选中 E15，单击编辑栏左侧的"插入函数"按钮，在打开的【插入函数】对话框中选择函数"MAX"，单击【确定】按钮后弹出【函数参数】对话框，用鼠标拖动 E3:E14 选中该区域（显示于 Number1 文本框中），最后单击"确定"按钮，完成最高分计算。

③ 选中 E16，输入"=MIN（E3:E14）"，按<Enter>键确认（也可用"插入函数"完成），完成最低分计算。

④ 选取 E15:E16，拖动其自动填充柄复制公式至 I15:I16。

（3）区域的命名及区域中数据的计算。

在成绩表中，以"data"为名定义 E3:H14 区域，在 B17 单元格，求"data"区域的平均值，保留1位小数。

① 选取 E3:H14，在工具栏名称框中输入"data"，按<Enter>键确认。

② 选中 B17，输入"=AVERAGE（data）"，按<Enter>键确认（也可单击工具栏上的【插入函数】按钮完成），选中 B17，多次单击功能区【开始】选项卡【数字】组【减少小数位数】按钮至保留1位小数。

【任务3】 格式设置。

▶▶ 操作步骤与提示 ◀◀

（1）表格标题设置。

对成绩表操作。设置两行表格标题，主标题为黑体、22磅、加粗，分散对齐于下面表格，副标题为隶书、20磅，跨列居中于下面表格；为副标题 A2:C2，G2:I2 区域添加"橙色，强调文字颜色6，淡色60%"底纹。

① 单击行号2，选中第2行并右击，从打开的快捷菜单中选择【插入】命令，插入一行；

② 选中 A1，在编辑栏选中文字"（2012学年第一学期）"，按<Ctrl+X>组合键剪切；选中 A2，按<Ctrl+V>组合键粘贴。

③ 选中 A1:I1，在【开始】|【字体】组中选择"黑体""22磅"，单击【加粗】按钮、在【对齐方式】组中按下【合并后居中】按钮；单击【开始】|【对齐方式】组中对话框启动器按钮，在弹出的【设置单元格格式】对话框中选择【对齐】选项卡，从【水平对齐】下拉列表框中选择"分散对齐"，然后单击【确定】按钮。

④ 选中 A2:I2，在【开始】|【字体】组中选择"隶书""20 磅"，单击【加粗】按钮；单击【开始】|【对齐方式】组中对话框启动器按钮，在弹出的【设置单元格格式】对话框中选择【对齐】选项卡，从【水平对齐】下拉列表框中选择"跨列居中"，然后单击【确定】按钮。

⑤ 选取 A2:C2，G2:I2，在【开始】|【字体】组中单击【填充颜色】下拉箭头，在弹出的主题颜色列表区中选择"橙色，强调文字颜色 6，淡色 60%"。

（2）表格格式化操作。

设置成绩表格式：设置 A、B、C 列为最适合的列宽，G、H、I 列列宽为 7，A3:I3 对齐方式如图 7-1 所示，表中所有文字（包括学号）居中对齐，将所有数字（不包括学号）右对齐，合并 B18:I18 区域。

① 选取 A3:C18，选择【开始】|【单元格】|【格式】|【自动调整列宽】命令，将 A3:C18 设置为最适合的列宽。

② 选取 G 列至 I 列，执行【开始】|【单元格】|【格式】|【列宽】命令，在弹出的列宽对话框中输入 7，单击【确定】按钮。

③ 选取 A3:I3，单击【开始】|【对齐方式】组的对话框启动器按钮，在打开的【设置单元格格式】对话框中，选择【对齐】选项卡，从【水平对齐】下拉列表中选择【居中】，从【垂直对齐】下拉列表中选择"居中"，选中【自动换行】复选框，然后单击【确定】按钮。调整 E 和 F 列列宽至图 7-1 所示效果。

考		试	成		绩	表	
			(2012学年第一学期)				
学号	姓名	性别	计算机应用(考试)	大学英语(考试)	企业管理(考查)	程序设计(考试)	考试课总成绩
101	杨秋月	女	80	73	87	69	222
102	周敏	女	57	54	53	53	164
103	谭永祥	男	85	71	77	67	223
104	李强	男	78	65	68	71	214
105	余凤莲	女	88	81	73	81	250
106	潘浩天	男	99	92	90	95	286
107	马文德	男	60	68	82	48	176
108	陈海红	女	86	79	93	80	245
109	葛思倩	女	93	73	88	78	244
110	冯英武	女	56	58	55	57	171
111	文佳蒙	男	88	79	91	68	235
112	王子浩	男	68	77	72	68	217
最高分			99	92	93	95	286
最低分			56	54	53	48	164
总平均分				74.8			

图 7-1 设置表格格式

④ 选取 A4:C18，单击【开始】|【对齐方式】组的【居中】按钮。

⑤ 选取 E4:I17，单击【开始】|【对齐方式】组的【文本右对齐】按钮。

⑥ 选取 B18:I18，单击【开始】|【对齐方式】组的【合并后居中】按钮。

（3）表格边框线设置。

为成绩表设置如图 7-1 所示表格框线。选中 A3:I18，单击【开始】|【字体】组的对话框启动器按钮，在打开的【设置单元格格式】对话框中，选择【边框】选项卡，选中最粗的单线，单击【外边框】按钮，选中最细的单线，单击【内部】按钮，最后单击【确定】按钮。

（4）设置批注（效果如图 7-3 所示）。

为成绩表 B9 单元格添加批注，作者为"学生"，内容为"总分第 1 名"，将 B9 单元格的批注复制给 B11 单元格，并将批注内容修改为"企业管理最高分"，显示 B9 单元格批注。

① 右击 B9 单元格，从弹出的快捷菜单中选择【插入批注】命令，在批注框内按要求修改作者和输入批注内容。

② 右击 B9 单元格，从弹出的快捷菜单中选择【复制】命令；右击 B11 单元格，从弹出的快捷菜单中选择【选择性粘贴】命令，在打开的【选择性粘贴】对话框中选中【批注】单选按钮，然后单击【确定】按钮；右击 B11 单元格，从弹出的快捷菜单中选择【编辑批注】命令，修改批注内容。

③ 右击 B9 单元格，从弹出的快捷菜单中选择【显示/隐藏批注】命令，显示其批注。

【任务 4】 设置条件格式。

为成绩表设置条件格式：若"考试课总成绩"小于 180 分，则该学生的所有数据均以红色、加粗、倾斜显示。最终效果如图 7-3 所示。

▶▶ 操作步骤与提示 ◀◀

（1）选取 A4:I4 区域，选择【开始】|【样式】|【条件格式】|【新建规则】命令，弹出【新建格式规则】对话框，在选择规则类型区中选择"使用公式确定要设置格式的单元格"，以公式"=$I4<180"为条件，设置格式为红色、加粗、倾斜（见图 7-2），然后单击【确定】按钮。

（2）单击【格式刷】按钮，将 A4:I4 格式复制到 A5:I15 区域。

（3）完成后，选择【文件】|【另存为】命令，将编辑好的文件以"sx7.xlsx"为文件名进行保存。

最终效果如图 7-3 所示。

图 7-2 【新建格式规则】对话框

图 7-3 最终效果

四、课后训练及思考

（1）打开"实训素材\实训 7\excel-7.xlsx"文件，以图 7-4 所示的样张为准，对 Sheet1 中的表格按以下要求操作，并以同名文件保存结果。

① 如图 7-4 所示，插入表标题，设置表格标题为华文楷体、18 磅、粗体，在 A1:K1 区域中跨列居中，按样张设置单元格以红色图案颜色、25%灰色图案样式填充；将表格 A 至 K 列宽设置为最适合的列宽，并设置表格的边框线和数值显示格式。

② 如图 7-4 所示，计算每位职工的工资总额（基本工资+资金）、所得税（工资总额×税

率）及实际收入（工资总额-水费-电费-燃气费-所得税），并按样张在指定单元格计算工资总额和实际收入的平均值。

注意：必须用公式对表格中的数据进行运算和统计。

	A	B	C	D	E	F	G	H	I	J	K
1	某科室2008年3月工资收入情况表										
2	姓名	职称	基本工资	水费	电费	燃气费	奖金	工资总额	税率	所得税	实际收入
3	孙家民	高工	2389	244.32	91.2	210.94	871	3260	8%	260.80	2452.74
4	杨虎	高工	2389	155.48	59.88	218.92	900	3289	8%	263.12	2591.60
5	王景立	工程师	1579	244.89	201.37	171.03	529	2108	0%	0.00	1490.71
6	李升山	工程师	1434	35.56	232.64	75.41	1446	2880	8%	230.40	2305.99
7	张成城	高工	1843	172.57	170.75	200.34	2275	4118	12%	494.16	3080.18
8	斯有山	高工	2289	242.03	74.76	10.19	484	2773	5%	138.65	2307.37
9	李行	工程师	3894	89.53	219.47	191.31	809	4703	12%	564.36	3638.33
10	张行习	高工	3032	71.2	280.65	131.59	1091	4123	12%	494.76	3144.80
11	平均值							3406.75			2626.47
12											
13											

图 7-4　样张

（2）打开“实训素材\实训 7\excel-7.xlsx”文件，以样张为准，对 Sheet2 中的表格按以下要求操作，并以相同的文件名保存结果。

① 如图 7-5 所示，设置表格标题为：华文行楷、26 磅、粗体、蓝色、加双下画线，合并 A1:G1 区域且分散对齐；行高 35；设置 F2:G2 区域中文字为加粗、倾斜，加深蓝，文字 2，淡色 40%图案颜色，25%灰色图案样式填充；设置表格的边框线和数值显示格式。

② 如图 7-5 所示，隐藏“西安”行，计算合计、销售总额、毛利 =（销售总额*利润率）隐藏行不参加运算。

注意：必须用公式对表格中的数据进行运算和统计。

	A	B	C	D	E	F	G
1	某公司全年销售统计表						
2						利润率	0.75
3		季度一（万元）	季度二（万元）	季度三（万元）	季度四（万元）	销售总额（万元）	毛利（万元）
4	南京	1500	1500	3000	4000	10000	7500.00
5	北京	1500	1800	2550	4900	10750	8062.50
6	上海	1200	1800	1800	4400	9200	6900.00
8	杭州	1300	2421	2700	2520	8941	6705.75
9	天津	2100	2390	3210	1800	9500	7125.00
10	合计	7600	9911	13260	17620		
11							

图 7-5　样张

（3）打开“实训素材\实训 7\excel-7.xlsx”文件，以样张为准，对 Sheet3 中的表格按以下要求操作，并以同名文件保存结果。

① 如图 7-6 所示，设置表头行文字为加粗、填充颜色为橙色，强调文字颜色 6，淡色 40%；设置表格的边框线和数值显示格式；计算总分、平均分和最高分。

注意：必须用公式对表格中的数据进行运算和统计。

②如图 7-6 所示，设置批注字体为楷体加粗，文字在批注框中水平靠左、垂直居中，填充色为茶色、边框线为红色 1 磅粗细并显示批注。

③ 如图 7-6 所示，统计是否录取，统计规则如下：考生只要有一门成绩不及格就不录取，否则就录取。

注意：必须用公式对表格中的数据进行运算和统计。

（4）打开“实训素材\实训 7\excel-7.xlsx”文件，以样张为准，对 Sheet4 中的表格按以下要求操作，并以相同的文件名保存结果。

① 如图 7-7 所示，使用条件格式将“采购表”的“采购数量”列中数据大于 300 的单元格字体设置为红色、加粗显示，小于 50 的单元格字体用蓝色、加粗显示。

	A	B	C	D	E	F	G	H	I
1	班级	姓名	性别	语文	数学	政治	总分	平均分	录取否
2	2001	王力洞	男	63	46	69	178	59	不录取
3	2002	张泽民	男	74	90	91	255	85	录取
4	2001	魏军	女	51	40	94	185	62	不录取
5	2003	叶枫	女	41	97	56	194	65	不录取
6	2002	李云清	[illegible]	97	77	84	258	86	录取
7	2002	谢天明	[illegible]	94	84	96	274	91	录取
8	2003	史杭美	[illegible]	57	67	67	191	64	不录取
9	2003	罗瑞维	女	79	92	77	248	83	录取
10	2001	秦基业	男	88	48	96	232	77	不录取
11	2001	刘予予	女	77	64	48	189	63	不录取
12	2003	苏丽丽	女	44	99	46	189	63	不录取
13	2003	蒋维模	男	86	62	82	230	77	录取
14	2002	王大宗	男	66	55	68	189	63	不录取
15	2002	毕外	男	85	48	73	206	69	不录取
16	最高分			97	99	96	274		
17									

学生：
总分第1名

图 7-6　样张

② 如图 7-7 所示，使用 IF 函数，根据“折扣表”对“采购表”中的“折扣”列进行填充和格式设置。使用函数在 F2 单元格计算出采购数量大于 300 的个数。

注意：必须用公式对表格中的数据进行运算和统计。

	A	B	C	D	E	F
1		折扣表				
2	数量	折扣率	说明		采购数量 >300	7
3	0	0%	0-99件的折扣率			
4	100	6%	100-199件的折扣率			
5	200	8%	200-299件的折扣率			
6	300	10%	300件以上的折扣率			
7						
8			采购表			
9	项目	采购数量	采购时间	单价	折扣	
10	衣服	20	2008-01-12	120	0%	
11	裤子	45	2008-01-12	80	0%	
12	鞋子	70	2008-01-12	150	0%	
13	衣服	125	2008-02-05	120	6%	
14	裤子	185	2008-02-05	80	6%	
15	鞋子	140	2008-02-05	150	6%	
16	衣服	225	2008-03-14	120	8%	
17	裤子	210	2008-03-14	80	8%	
18	鞋子	280	20[illegible]-03-14	150	8%	
19	衣服	385	2008-04-30	120	10%	
20	裤子	350	2008-04-30	80	10%	
21	鞋子	315	2008-04-30	150	10%	
22	衣服	25	2008-05-15	120	0%	
23	裤子	120	2008-05-15	80	6%	
24	鞋子	340	2008-05-16	150	10%	
25	衣服	265	2008-06-24	120	8%	
26	裤子	125	2008-06-24	80	6%	
27	鞋子	100	2008-06-24	150	6%	
28	衣服	320	2008-07-10	120	10%	
29	裤子	400	2008-07-10	80	10%	
30	鞋子	125	2008-07-10	150	6%	
31	衣服	385	2008-08-19	120	10%	
32						

图 7-7　样张

实训 8
数据的筛选、图表与透视表

一、实训目的

（1）掌握数据筛选操作；
（2）掌握数据排序与分类汇总；
（3）掌握创建图表的方法及图表的编辑；
（4）掌握数据透视表的创建和功用。

二、实训环境与素材

（1）中文版 Windows 7 操作系统；
（2）中文版 Excel 2010 软件；
（3）"实训素材\实训 8"文件夹。

三、实训任务与操作方法

打开"实训素材\实训 8"文件来中的"sc8.xlsx"文件，按下列要求操作，最终结果可参阅"sc8yz.xlsx"。

【任务 1】 数据的筛选。

打开 sc8.xlsx 文件，将 Sheet2 表标签更名为"筛选"，在"筛选"表中，筛选出考试课总成绩在 240~300 分的女生。

▶▶ 操作步骤与提示 ◀◀

（1）在"筛选"表中，选取 A2:I14，单击【数据】|【排序和筛选】|【筛选】命令按钮，单击"考试课总成绩"筛选箭头，选择【数字筛选】|【自定义筛选】，在弹出的【自定义自动筛选方式】对话框中进行图 8-1 所示设置，单击【确定】按钮。
（2）单击"性别"筛选箭头，选择"女"，完成筛选操作。

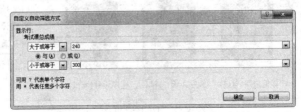

图 8-1 【自定义自动筛选方式】对话框

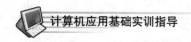

【任务 2】 排序和分类汇总。

将 Sheet3 表标签更名为"汇总",在"汇总"表中,对表格中自 A2 开始的记录按性别分类汇总,并分级显示,结果如图 8-2 所示。

1 2 3 4	A	B	C	E	F	G	H	I
1	考试成绩表(2008学年第一学期)							
2	学号	姓名	性别	计算机应用(考试	大学英语(考试	企业管理(考查	程序设计(考试	考试课总成绩
9		男	平均值	80	75	83	70	225
10		男	最大值	99	92	91	95	286
17		女	平均值	77	70	75	70	216
18		女	最大值	93	81	93	81	250
19		总计平均值		78	73	79	70	221
20		总计最大值		99	92	93	95	286
21								

图 8-2　分类汇总结果

▶▶ 操作步骤与提示 ◀◀

(1)在"汇总"表选取 A2:I14,单击【数据】|【排序和筛选】|【排序】命令,在弹出的【排序】对话框中选择主要关键字为"性别""升序",单击【确定】按钮,以性别为关键字排序(分类汇总前必须对关键字排序)。

(2)保持选中区域不变,单击【数据】|【分级显示】|【分类汇总】命令按钮,在弹出的【分类汇总】对话框中,"分类字段"设置为"性别","汇总方式"设置为"最大值",在"选定汇总项"中选择"计算机应用(考试)""大学英语(考试)""企业管理(考查)""程序设计(考试)"和"考试课总成绩",单击【确定】按钮。

(3)保持选中区域不变,执行【数据】|【分级显示】|【分类汇总】命令,在【分类汇总】对话框中,分类字段设置为"性别"、汇总方式设置为"平均值",在汇总项中选择"计算机应用(考试)""大学英语(考试)""企业管理(考查)""程序设计(考试)"和"考试课总成绩",取消选择【替换当前分类汇总】复选框,单击【确定】按钮。

(4)单击窗口左上方的分级显示符号 3。

【任务 3】 图表与数据透视表的创建及编辑。

▶▶ 操作步骤与提示 ◀◀

(1)图表的创建及编辑。

在 Sheet4 表中的 A17:H29 创建图表并对图表进行编辑,图表标题 18 磅、隶书、加粗;图表区添加"细微效果-橄榄色,强调颜色 3"的形状样式;图例区添加粗细为 1 磅、颜色为"橄榄色,强调文字颜色 3,深色 50%"的形状轮廓。图表效果如图 8-3 所示。

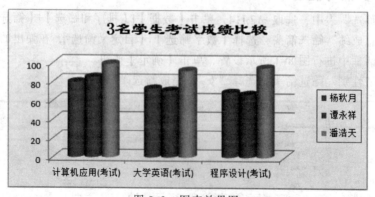

图 8-3　图表效果图

① 在 Sheet4 表中，选取 B2:B3、E2:F3、H2:H3、B5、E5:F5、H5、B8、E8:F8、H8，单击【插入】|【插图】|【柱形图】命令按钮，在弹出的列表中选择“簇状圆柱图”，选中的数据立即生成图表。

② 将图表拖动至左上角 A17、右下角 H29。

③ 保持选中图表，选择【图表工具】|【布局】|【标签】|【图表标题】|【图表上方】命令，在“图表标题”区输入标题文字；选择【开始】|【字体】组，设置字体为“隶书”、字号为“18 磅”、单击【加粗】按钮，完成标题设置。

④ 选中图表，单击【图表工具】|【格式】|【形状样式】组【其他】按钮，在弹出的列表中选择“细微效果-橄榄色，强调颜色 3”的形状样式。

⑤ 选中图例，单击【图表工具】|【格式】|【形状样式】组【形状轮廓】按钮，在弹出的列表中选择粗细为“1 磅”、主题颜色为“橄榄色，强调文字颜色 3，深色 50%”。

（2）数据透视表的创建及编辑。

在 Sheet5 中，取消班级编号列的隐藏，在 J4 单元格开始创建如图 8-4 所示的数据透视表并设置格式，保留 1 位小数，套用“数据透视表样式中等深浅 10”的数据透视表样式。最终结果如图 8-4 所示。

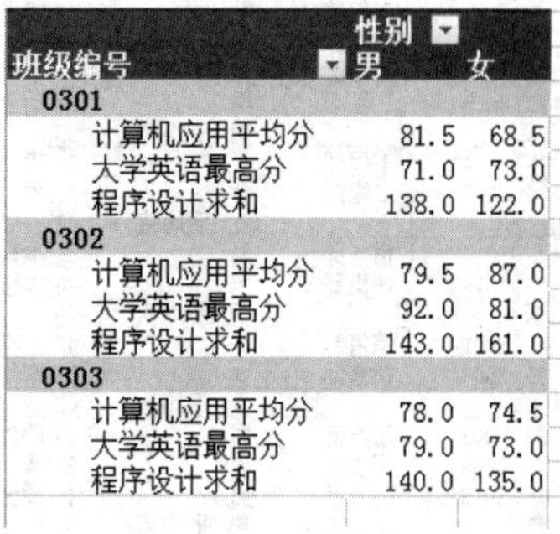

班级编号	性别 男	女
0301		
计算机应用平均分	81.5	68.5
大学英语最高分	71.0	73.0
程序设计求和	138.0	122.0
0302		
计算机应用平均分	79.5	87.0
大学英语最高分	92.0	81.0
程序设计求和	143.0	161.0
0303		
计算机应用平均分	78.0	74.5
大学英语最高分	79.0	73.0
程序设计求和	140.0	135.0

图 8-4 数据透视表

① 选中 C、E 列，右击，从弹出的快捷菜单中选择【取消隐藏】命令。

② 选取 A2:I14，执行【插入】|【数据透视表】命令按钮，在弹出的【创建数据透视表】对话框中，“表/区域”已默认选中表区域，在“选择放置数据透视表的位置”区域选择“现有工作表”选项，在“位置”处输入“J4”。

③ 将“班级编号”字段拖动到“行标签”区域，将“性别”字段拖动到“列标签”区域，将“计算机应用（考试）”“大学英语（考试）”“程序设计（考试）”拖动到“数据”区域；分别单击各汇总字段，选择“值字段设置”，修改其值汇总方式为“平均值”“最大值”“求和”及各名称；将“列标签”区域的“Σ数值”拖动到“行标签”区。

④ 选中数据透视表中任一单元格，选择【数据透视表工具】|【设计】|【布局】|【对行和列禁用】命令。

⑤ 选取 K7:L17，选择【开始】|【数字】组，设置小数后点 1 位；双击“行标签”进入文字编辑状态，修改为“班级编号”，同理，修改“列标签”文字为“性别”。

⑥ 选中数据透视表中任一单元格，单击【数据透视表工具】|【设计】|【数据透视表样式】|【数据透视表样式中等深浅 10】命令按钮。

⑦ 完成后，选择【文件】|【另存为】命令，将编辑好的文件以“sx8.xlsx”为文件名进行保存。

四、课后训练及思考

（1）打开“实训素材\实训 8\excel-8.xlsx”文件，以图 8-5 所示的样张为准，对 Sheet1 中的表格按以下要求操作，并以同名文件保存结果。

① 设置表格标题为：蓝色、加粗、隶书、大小 18，其中“人员”设置成红色，在 A1:F1

区域合并后居中显示，设置行高为 30 磅；将 A2:F17 的数据复制到从 A19 开始的区域中，形成上下两张表，对上表筛选出部门为"销售部"而且工资大于 3500 元的记录。

② 对下表，以"部门"为序对表格进行排序（升序），部门相同的根据"性别"排序（升序）。按照样张将表格内的数据进行分类汇总；将分类汇总后的表格套用"表样式浅色 14"的表格格式、转换为区域。

（2）打开"实训素材\实训 8\excel-8.xlsx"文件，以图 8-6 所示的样张为准，对 Sheet2 中的表格按以下要求操作，并以同名文件保存结果。

按样张在 A10:F24 区域中生成图表，并对图表进行编辑：添加图表标题、对标题和图例套用"细微效果-橙色，强调颜色 6"的形状样式、设置坐标轴格式为"粗线-强调颜色 6"的形状样式、图表区设置"羊皮纸"的渐变填充。

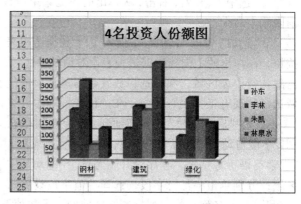

图 8-5　样张（1）　　　　　　　　图 8-6　样张（2）

（3）打开"实训素材\实训 8\excel-8.xlsx"文件，以图 8-7 所示的样张为准，对 Sheet3 中的表格按以下要求操作，并以相同的文件名保存结果。

① 如图 8-7 所示，在 I4 开始的单元格中生成数据透视表，按职称、性别统计基本工资（平均值）和奖金（最大值）。

② 编辑数据透视表：按样张设置文字和数字显示格式、取消行列总计、套用"数据透视表样式深色 5"的数据透视表样式。

（4）打开"实训素材\实训 8\excel-8.xlsx"文件，以图 8-8 所示的样张为准，对 Sheet4 中的表格按以下要求操作，并以相同的文件名保存结果。

① 表格标题在表格上方合并居中、套用"强调文字颜色 4"的单元格样式。

② 对"图书销售情况表"工作表内的销售量进行排名（利用 RANK 函数）

③ 对数据进行高级筛选（在数据清单前插入四行，条件区域设在 A1:F3 单元格区域，请在对应字段列内输入条件，条件是：图书类别为"计算机类"或"社科类"且销售量排名在前 20 名。

	I	J	K
4		性别 ▼	
5	职称 ▼	男	女
6	高工		
7	基本工资平均值	1823	1900
8	奖金最大值	610	265
9	工程师		
10	基本工资平均值	1360	1360
11	奖金最大值	456	278
12	技术员		
13	基本工资平均值	915	975
14	奖金最大值	340	350
15			

图 8-7　样张（3）

	某图书销售公司销售情况表					
5						
6	经销部门	图书类别	季度	销售数量(册)	销售额(元)	销售量排名
9	第1分部	社科类	2	435	21750	5
23	第1分部	计算机类	3	323	22610	19
24	第1分部	社科类	3	324	16200	17
32	第3分部	计算机类	2	345	24150	13
35	第1分部	计算机类	1	345	24150	13
37	第1分部	计算机类	2	412	28840	9
40	第1分部	社科类	1	569	28450	3
43	第3分部	计算机类	3	378	26460	11
45	第1分部	计算机类	4	324	22680	17
46	第1分部	计算机类	4	329	23030	16
48	第2分部	计算机类	4	398	27860	10
49						
50						

图 8-8　样张（4）

实训 9
PowerPoint 的基本操作

一、实训目的

（1）熟练掌握演示文稿的新建、打开、保存、放映和退出操作；

（2）学会插入、复制、移动和删除幻灯片；

（3）熟悉和掌握在幻灯片中插入图片、剪贴画、SmartArt 图形、音频、视频、表格、图表等；

（4）比较熟练掌握应用逻辑节的方法。

二、实训环境

（1）中文版 Windows 7 操作系统；

（2）中文版 PowerPoint 2010 软件；

（3）配套光盘"实验素材\实训 9"文件夹。

三、实训任务与操作方法

【任务 1】 创建新演示文稿。

新建一个演示文稿，文档名称为"P1 舌尖上的中国.pptx"，按下列要求操作，最终结果参照图 9-1。

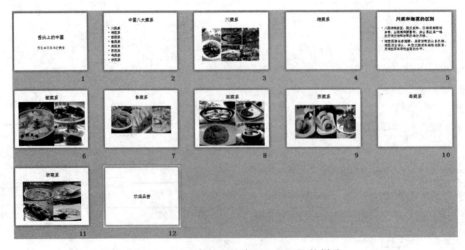

图 9-1 "P1 舌尖上的中国.PPTX"的样张

▶▶ 操作步骤与提示 ◀◀

1．新建空白演示稿，完善标题和副标题内容

（1）标题为"舌尖上的中国"：宋体、44。

（2）副标题为"来自全国各地的美食"：宋体、32。

（3）保存演示文稿为：P1 舌尖上的中国.pptx。

2．幻灯片的插入和删除

（1）打开素材文件夹中的"文字"演示文稿，选中其中的所有幻灯片，执行【复制】操作。

（2）切换到"P1 舌尖上的中国"，定位到第 1 张幻灯片后，执行【粘贴】操作。

（3）关闭"文字"演示文稿。

（4）选中"P1 舌尖上的中国"中的最后一张幻灯片，执行【删除】操作。

3．新建幻灯片

（1）定位到最后一张幻灯片，执行【开始】｜【幻灯片】｜【新建幻灯片】，并选择版式为"仅标题"。

（2）输入标题"欢迎品尝"：宋体、44，置于幻灯片中部。

4．保存并放映幻灯片

（1）保存演示文稿：单击快速工具栏中的【保存】按钮。

（2）单击【幻灯片放映】｜【开始放映幻灯片】｜【从头开始】按钮

技巧：从头开始放映，也可直接按<F5>实现。

【任务 2】 在幻灯片中插入对象。

打开任务 1 中完成的演示文稿"P1 舌尖上的中国.pptx"，在幻灯片中插入图片、剪贴画、SmartArt 图形等，新增逻辑节，结果以"P2 舌尖上的中国.pptx"保存，最终效果参照图 9-2。

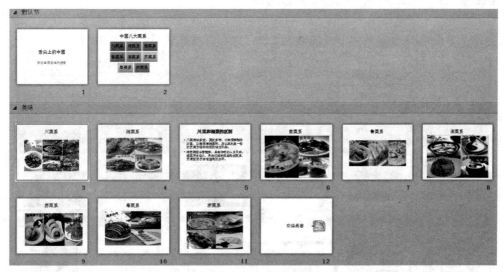

图 9-2 "P2 舌尖上的中国.pptx"的样张

▶▶ 操作步骤与提示 ◀◀

1．添加图片

（1）分别选择第 4、10 张幻灯片，添加图片：湘菜、粤菜。

（2）设置图片大小均为：高 12 厘米、宽 20 厘米；对齐方式为：左右居中。

2．插入剪贴画

选中最后一张幻灯片，单击【插入】|【图像】|【剪贴画】，搜索关键字为"食物"的剪贴画（或从素材文件夹中查找"食物"图片），并按样张插入到合适位置。

3．插入 SmartArt 图形

（1）选中第 2 张幻灯片，选择【插入】|【插图】|【SmartArt 图形】，选择"列表"类别，插入"基本列表"图形。

（2）选择【SmartArt】|【设计】|[添加形状]，并输入内容。

（3）设置 SmartArt 样式：【SmartArt】|【设计】|【SmartArt 样式】中，选择"嵌入"样式，再单击【更改颜色】按钮，选择"彩色范围–强调文字颜色 5–6"主题颜色。

（4）文字选用黑色。

4．新增逻辑节

（1）在第 2、3 张幻灯片之间，单击定位，选择【开始】|【幻灯片】|【节】按钮，选择"新增节"命令。

（2）选择【开始】|【幻灯片】|【节】按钮，选择【重命名节】命令，输入名称：美味。

（3）单击节名称前的三角形符号，熟悉节的折叠和展开。

5．保存

将演示文稿另存为"P2 舌尖上的中国.pptx"。

【任务 3】 在幻灯片中插入动态对象。

打开任务 2 中完成的演示文稿"P2 舌尖上的中国.pptx"，在其中插入音频、视频、表格、图表等，结果以"P3 舌尖上的中国.pptx"文件名保存，最终效果参照图 9-3。

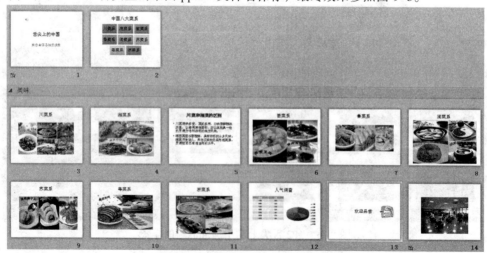

图 9-3 "P3 舌尖上的中国.PPTX"的样张

▶▶ 操作步骤与提示 ◀◀

1．插入背景音乐

（1）选中第 1 张幻灯片，单击【插入】|【媒体】|【音频】，选择音频文件"spring.mp3"插入。

（2）选中该音频，切换到【音频工具】|【播放】|【音频选项】组，如图 9-4 设置：自动、循环播放，直到停止、放映时隐藏。

2．插入视频

（1）在最后，插入一张版式为"标题和内容"新幻灯片，单击【插入】|【媒体】|【视频】，选择视频文件"瑜伽球.avi"并将其插入。

图 9-4　音频选项设置

（2）选中该视频，切换到【视频工具】|【播放】|【视频选项】组，自动开始播放。

3．插入表格和图表

（1）在第 11 张幻灯片后，插入一张版式为"两栏内容"的新幻灯片：

定位到第 11 张幻灯片后，单击【开始】|【幻灯片】|【新建幻灯片】，选择"两栏内容"的版式，添加一张新幻灯片，并设置标题为"人气调查"，宋体，44。

（2）插入表格：

①在左栏内容的占位符中，单击【表格】按钮，插入 8 行 2 列的表格。

② 按样张，输入表格中的文字。

③ 选中整个表格，在【表格工具】|【设计】|【表格样式】组中，选择套用"中等样式 2-强调 6"；在【表格工具】|【布局】|【排列】组中，选择【对齐】下拉列表中的"上下居中"。

（3）插入图表：

① 在右栏内容的占位符中的空白处，单击【插入】|【插图】|【图表】按钮，选择"饼图"分类中的"三维饼图"命令。

② 在弹出的 Excel 中，调整数据区域，输入如样张所示内容，退出 Excel；

4．保存并放映

以"P3 舌尖上的中国.pptx"为文件名保存演示文稿并进行放映。

四、课后训练及思考

（1）按下列要求操作，所需的文件均在配套素材文件夹中，具体效果参见样张。

① 创建一个空白演示文稿，命名为"玩转泰国"。

② 在第一张幻灯片中，标题为"非常泰国"，字体为宋体、60、加粗。副标题为"Thailand"，字体为 calibri、60、加粗。

③ 在第一张幻灯片中插入图片"泰国机场"，调整图片与正副标题的位置。插入背景音乐"tommaimai rub sak tee.mp3"，要求自动播放、循环播放、播放时隐藏图标。

④ 创建第二张幻灯片，版式改为空白，按照样插入水平层次结构图。

⑤ 创建第三张幻灯片，标题为"大王宫"，字体为幼圆、54；添加视频："tourdv.avi"，高

12 厘米，宽 16 厘米，设置为自动播放。

⑥ 按照样张创建第 4～8 张、第 10～13 张幻灯片，版式为"两栏内容"，标题字体为幼圆、54、分别插入相应图片（调整到适当大小）和文字字体大小 28。

⑦ 创建第九张幻灯片标题为"泰国特色"标题字体为幼圆、54；插入"2×2 表格"，按照样张输入文字，字号 24，加粗，套用"主题样式 1-强调 1"，并应用"第 4 行 2 列"艺术字快速样式。

⑧ 在第一、二幻灯片之间新增逻辑节"不容错过的圣境"，第八、九幻灯片之间新增逻辑节"泰国特色"。第十三张幻灯片之后新增逻辑节"欢迎来泰国"，将三个节折叠后展开。

⑨ 创建第十四张幻灯片，标题为"谢谢您"，字体为幼圆、54，副标题为"kop koon"，字体为 calibri、60。

⑩ 保存并放映幻灯片，名称及格式为"玩转泰国.ppsx"。

（2）幻灯片中如何应用 SmartArt？

（3）如何为幻灯片添加背景音乐？

（4）如何设置幻灯片自动循环放映？

实训 10
PowerPoint 的进阶应用

一、实训目的

（1）知道和学会设计模板应用，为幻灯片添加背景、图片与文字的位置、幻灯片母版应用；
（2）熟悉和掌握幻灯片的切换效果、动画效果、各种超链接和自定义放映方式。

二、实训环境

（1）中文版 Windows 7 操作系统；
（2）中文版 PowerPoint 2010 软件；
（3）配套光盘"实验素材\实训 10"文件夹。

三、实训任务与操作方法

【任务 1】 模板和母版的使用及背景的设置。

打开实训 9 任务 3 中完成的演示文稿"P3 舌尖上的中国.pptx"，在其中应用设计模板、设计背景，将图片映衬在文字下方，为幻灯片添加日期（自动更新）、编号和页脚，结果以"P4 舌尖上的中国.pptx"为文件名保存，最终效果参照图 10-1。

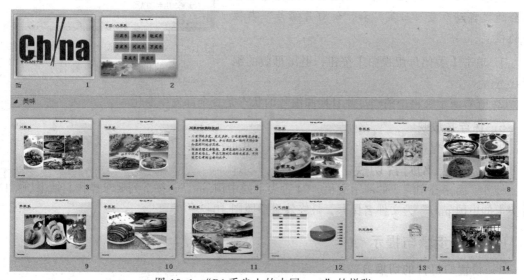

图 10-1 "P4 舌尖上的中国.pptx"的样张

▶▶ 操作步骤与提示 ◀◀

1. 给所有幻灯片，应用设计模板

（1）在【设计】|【主题】组中，选择"跋涉"的主题效果，修饰所有幻灯片。

（2）在【设计】|【主题】组中，选择【颜色】，依旧保持为"跋涉"。

技巧：当仅选择一张幻灯片时，则将选中的主题应用到所有幻灯片上；而选择超过一张幻灯片时，则只将选中的主题应用于选取的幻灯片上。

2. 给第 1 张幻灯片，添加背景

（1）选中第 1 张幻灯片，单击【设计】|【背景】|【背景样式】，选择【背景格式】命令，设置背景"填充"为：图片或纹理填充，插入文件"图片 1 .jpg"中的图片。

（2）单击【关闭】按钮。

提示：如果单击【全部应用】按钮，则为全部幻灯片设置背景。

3. 图片与文字的上下层位置

在第 2 张幻灯片中，插入图片"图片 2 .jpg"，并将其布满幻灯片，右击并选择【置于底层】命令。

4. 为幻灯片添加日期、编号和页脚，应用幻灯片母版

（1）单击【插入】|【文本】|【页眉和页脚】按钮，按图 10-2 所示进行设置，并执行【全部应用】。

（2）单击【视图】|【母版视图】按钮，选择母版列表中的第一个母版（"跋涉"母版）。

（3）在编辑窗口中，将日期占位符移到左下角，将日期和编号占位符中的内容设置为黑色字体。

提示：幻灯片列表中的其后所有幻灯片母版，也会随之自动改变"日期"和"幻灯片编号"占位符的位置。

图 10-2　页眉和页脚（注：请填写制作者的班级、学号、姓名）

① 单击【关闭母版视图】按钮，退出母版的编辑状态。

② 查看演示文稿中的幻灯片日期和编号的状态是否全部发生变化。

5. 保存并放映

将演示文稿保存为"P4 舌尖上的中国.pptx"并进行放映。

【任务 2】　幻灯片切换。

打开上面任务中完成的演示文稿"P4 舌尖上的中国.pptx"，按下列要求操作，结果以"P5 舌尖上的中国.pptx"为文件名保存，最终效果参照图 10-3。

▶▶ 操作步骤与提示 ◀◀

1. 设置幻灯片的切换方式

（1）设置第 1 张幻灯片：预设切换效果库中的"分割"，单击【效果选项】中的"中间向左右展开"命令按钮，声音为"风铃"，持续时间为 1.5 秒，自动换片时间为 1 秒，如图 10-4 所示。

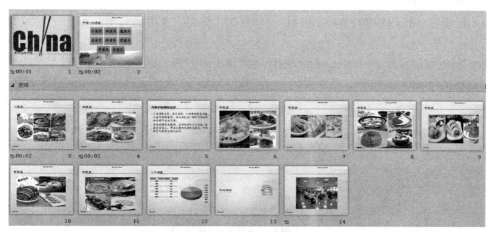

图 10-3　"P5 舌尖上的中国.pptx"的样张

图 10-4　幻灯片的切换设置

（2）设置第 2-4 张幻灯片：预设切换效果库中的"百叶窗"，单击【效果选项】中的"垂直"命令按钮，声音为"风铃"，持续时间为 1.5 秒，自动换片时间为 2 秒。

2．保存并放映

将演示文稿保存为"P5 舌尖上的中国.pptx"并进行放映。

【任务 3】　设置动画效果。

打开上面完成的演示文稿"P5 舌尖上的中国.pptx"，按下列要求操作，结果以"P6 舌尖上的中国.pptx"为文件名保存，最终效果参照图 10-5。

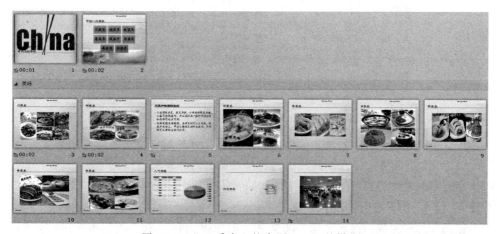

图 10-5　"P6 舌尖上的中国.pptx"的样张

▶▶ **操作步骤与提示** ◀◀

（1）设置第 2 张幻灯片中的 SmartArt 的动画为【劈裂】：（中间向左右展开）、持续时间为 1 秒。

选中第 2 张幻灯片中的 SmartArt：预设动画效果库中的"劈裂"，单击【效果选项】中的【中间向左右展开】命令按钮，持续时间为 1.5 秒，如图 10-6 所示。

图 10-6 "P6 舌尖上的中国.pptx"的样张

（2）设置第 5 张幻灯片中的文本的动画为"飞入"：自右侧，持续时间为 1 秒，文本按字母发送。

① 选中第 5 张幻灯片中的文字文本框：预设动画效果库中的"飞入"，单击【效果选项】中的"自右侧"命令按钮，持续时间为 1 秒。

② 单击动画选项卡中高级动画组中的【动画窗格】，在"内容占位符"下拉列表中单击【效果选项】|【效果】|【动画文本】|【按字母】，设置所需效果，如图 10-7 所示。

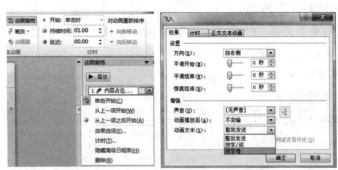

图 10-7 "文本按字母发送"效果的设置

（3）设置第 3 张幻灯片中的图片的动画为"轮子"：4 轮辐图案，持续时间为 1 秒。

（4）自定义设置第 4~11 张幻灯片中的各个对象的动画效果。

（5）将演示文稿命名为"P6 舌尖上的中国.pptx"并进行演示。

【任务 4】 动作按钮和超链接。

打开上面任务中完成的演示文稿"P6 舌尖上的中国.pptx"，按下列要求操作，结果以"P7 舌尖上的中国.pptx"为文件名保存，最终效果参照图 10-5。

▶▶ 操作步骤与提示 ◀◀

1．创建各种超链接

（1）选中第 2~4 张幻灯片，先将它们的自动换片时间调整为 8 秒。（提示：便于观察链接的实现）

（2）分别选中第 2 张幻灯片上的各个文本框，建立相应的链接。如选择"川菜系"文本框并右击，在快捷菜单中选择"超链接"，在弹出的【超链接】对话框中，链接到本文档中的第 3 张幻灯片。

（3）选中第 13 张幻灯片中"欢迎品尝"文本框并右击，在快捷菜单中选择"超链接"，在弹出的【超链接】对话框中，单击【现有文件或网页】按钮，在"地址"栏中输入 http://www.163.com。

（4）选中第 13 张幻灯片中的剪贴画并右击，在快捷菜单中选择"超链接"，在弹出的"超链接对话框中"，单击【电子邮件地址】按钮，输入：jsj@163.com 到电子邮件地址栏中。

2．幻灯片添加动作按钮

（1）选中第 3 张幻灯片，单击【插入】|【插图】|【形状】按钮，选择"动作"组中的"上一张"按钮，在弹出的"动作设置"对话框中，超链接到"最近观看的幻灯片"；将这个动作按钮复制到其他相应的幻灯片上：第 4 张及第 6~11 张。

（2）选中第 2 张幻灯片，单击【插入】|【插图】|【形状】按钮，选择【动作】组中的【结束按钮】，在弹出的【动作设置】对话框中，超链接到"结束放映"。

3．保存并放映

将演示文稿保存为"P7 舌尖上的中国.pptx"并进行放映。

【任务 5】 自定义放映和放映方式的设置。

打开上面任务中完成的演示文稿"P7 舌尖上的中国.pptx"，按下列要求操作，结果以"P8 舌尖上的中国.ppsx"为文件名保存。

▶▶ 操作步骤与提示 ◀◀

1．设置幻灯片为循环放映

单击【幻灯片放映】|【设置】|【设置幻灯片放映】按钮，在弹出的对话框中，勾选【循环放映，按 ESC 键终止】复选框即可。

2．设置自定义放映

单击【幻灯片放映】|【开始放映幻灯片】|【自定义放映】按钮，在弹出的对话框中，单击【新建】按钮，在图 10-8 所示的【定义自定义放映】对话框中，选择需要放映的幻灯片，定义以"美食"为名称的一个自定义放映方式。

3．将标题与自定义超链接

将第 2 张幻灯片的标题"中国八大菜系"与自定义放映"美食"建立链接。选中标题框并右击，在快捷菜单中选择【超链接】，在弹出的对话框中，链接到本文档中的位置，选择自定义放映下的美食，如图 10-9 所示。

4．红色临时标志与临时跳转

在幻灯片片中运用红色临时标志并进行临时跳转。

5. 保存与演示

将演示文稿保存为"P8 舌尖上的中国.ppsx"并进行放映。

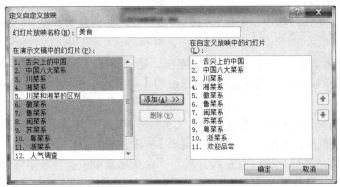

图 10-8　定义自定义放映

图 10-9　链接到名称为"美食"的自定义放映

四、课后训练及思考

（1）将素材文件夹的子文件照片创建为"港澳游.pptx"的电子相册，照片中包含文件夹中所有的图片，顺序为紫荆花、迪士尼、香港迪士尼、迪士尼景、游乐园、海洋公园、尖沙咀、维多利亚港、铜锣湾、旺角、香港大学、妈阁庙、威尼斯人度假村、大三巴牌坊、葡京娱乐场。图片版式选择"适应幻灯片尺寸"选项。参照"港澳游样张"。

（2）将实训 9 课后习题 1 完成的"玩转泰国"幻灯片，根据自己的喜好设置幻灯片的切换、动画、背景、页眉页脚等。

（3）打开实训 10\素材\Power.pptx 文件，按下列要求操作。

① 在幻灯片 1 上，将文本"树"的字体改为倾斜，颜色改为标准色"红色"；将文本"常绿树"超链接到幻灯片 4。

② 在幻灯片 1 上，对文本"落叶树和常绿树"应用"缩放"进入动画，并"按字母"发送动画文本；对幻灯片 2-6 插入幻灯片编号。

③ 将所有幻灯片的主题更改为"新闻纸"（提示：该主题上有红色矩形）。

将所有幻灯片的切换方式设置为："自左侧推进"的细微型切换方式；并在第一张幻灯片的右下角添加"结束"的动作按钮，该按钮与最后一张幻灯片相链接。

④ 在幻灯片 5 上，将左侧图片改为"C:\素材"文件夹中的 new.jpg 图片，并适当调整大小，使画面感觉协调；将右侧文字列表转换为 SmartArt："基本列表"，样式为"砖块场景"。

（4）打开实训 10\素材\ yswg.pptx 文件，按照下列要求完成对此文稿的修饰并保存。

① 最后一张幻灯片前插入一张版式为"仅标题"的新幻灯片，标题为"领先同行业的技术"，在位置（水平：3.6 厘米，自：左上角，垂直：10.7 厘米，自：左上角）插入样式为"填充–蓝色，强调文字颜色 2，暖色粗糙棱台"的艺术字"Maxtor Storage for the World"，且文字均居中对齐。艺术字文字效果为"转换–跟随路径–上弯弧"，艺术字宽度为 18 厘米。将该幻灯片向前移动，作为演示文稿的第一张幻灯片，并删除第五张幻灯片。

② 将最后一张幻灯片的版式更换为"垂直排列标题与文本"。第二张幻灯片的内容区文本动画设置为"进入""飞入"，效果选项为"自右侧"。

③ 第一张幻灯片的背景设置为"水滴"纹理，且隐藏背景图形；全文幻灯片切换方案设置为"棋盘"，效果选项为"自顶部"。放映方式为"观众自行浏览"。

（5）什么是主题？什么是版式？什么是母版？他们之间有何区别？

实训 11
图像的基本编辑操作

一、实训目的

（1）掌握仿制图章工具、选择工具、渐变工具等基本图像处理工具的使用方法；

（2）能利用上述基本工具及常用命令对图像进行基本编辑处理；

（3）掌握图层的功能及基本操作方法；

（4）掌握文字的创建、变形及描边等基本处理方法。

二、实训环境与素材

（1）中文版 Windows 7 操作系统；

（2）中文版 Photoshop CS4 软件；

（3）"实训素材\实训 11"文件夹。

三、实训任务与操作方法

【任务 1】 利用仿制图章工具去除女孩照片周围的不谐调部分，结果以"胜利.jpg"为文件名保存。

▶▶ 操作步骤与提示 ◀◀

（1）启动 Photoshop CS4，在 Photoshop CS4 窗口界面中，执行【文件】|【打开】命令，打开"实训素材\实训 11"文件夹中的"女孩.jpg"，如图 11-1 所示。

（2）单击工具箱中的【仿制图章工具】，然后按<Alt>键，同时单击图像中准备复制的图案进行取样。

（3）松开<Alt>键，在需要复制的部位进行涂抹。

（4）重复上述操作，将左右不谐调部分去除，最终效果如图 11-2 所示。

（5）执行【文件】|【存储为】菜单命令，将文件保存为"胜利.jpg"。

本例也可采用修补工具等来完成。

【任务 2】 利用【选择工具】、【渐变工具】及【编辑】|【变换】命令等创建"七彩光盘"图像。

▶▶ 操作步骤与提示 ◀◀

（1）新建文档：选择【文件】|【新建】命令，在如图 11-3 所示的【新建】对话框中设置

大小为"500×500 像素"，分辨率为"72 像素/英寸"，图像模式为 RGB 颜色，背景内容为"白色"，然后单击【确定】按钮。

图 11-1　女孩

图 11-2　最终效果

图 11-3　【新建】对话框

（2）在工具箱中选择【默认前景色和背景色】，选择【渐变工具】，在图 11-4 所示渐变工具选项栏中设置其渐变类型为【线性渐变】；打开"渐变编辑器"，选择"从前景色到背景色渐变"。在图像中从右下角至左上角拉出渐变，创建如图 11-5 所示渐变效果的图像背景。

图 11-4　渐变工具选项栏

（3）单击图层面板右下角"创建新图层"按钮，创建"图层 1"；保持选中图层 1，使用【视图】|【标尺】拉出参考线，然后用【椭圆选框工具】在图像中心点按【Shift+Alt】组合键绘制一个正圆形选区，如图 11-6 所示。

图 11-5　渐变效果背景

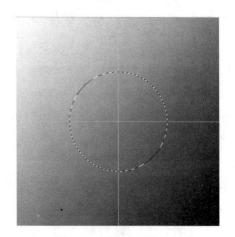

图 11-6　绘制正圆选区

（4）在工具箱中选择【渐变工具】，在其选项栏中选择渐变方式为【角度渐变】，打开"渐变编辑器"，选择"色谱"，从圆形选区中心点向外拖动，填充渐变色，出现一个漂亮的七彩圆盘（如图 11-7 所示）。

（5）选择【选择】|【取消选择】命令（或使用<Ctrl+D>组合键），取消选择。

（6）选择【椭圆选框工具】，在圆盘中心按<Alt+Shift>组合键绘制一个较小的圆形选区（如图 11-8 所示），按<Delete>键，删除该选区内容。

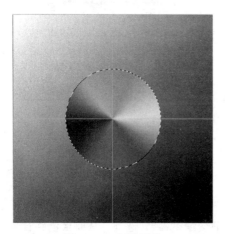

图 11-7　七彩圆盘

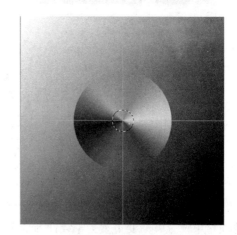

图 11-8　圆形选区

（7）执行【编辑】|【变换】|【斜切】命令，出现控制框，拖动控制点得到图 11-9 效果，按<Enter>键确定。

（8）关闭辅助线（选择【视图】|【显示额外内容】），最终效果如图 11-10 所示。

（9）选择【文件】|【存储为】命令，将文件保存为"七彩光盘.jpg"。

【任务 3】　使用【魔棒工具】、【磁性套索工具】、【横排文字工具】、【编辑】菜单、图层操作及【图层样式】设置等方法制作"爱护地球"的宣传广告。

▶▶ 操作步骤与提示 ◀◀

（1）打开"实训素材\实训 11"文件夹中的"手.jpg"和"地球..jpg"（见图 11-11、图 11-12）。

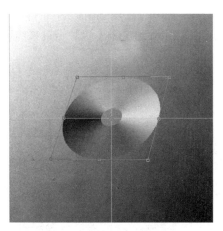

图 11-9　拖动"斜切"控制点

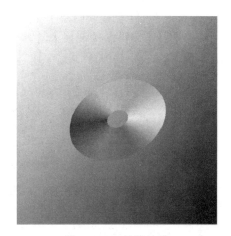

图 11-10　最终结果

图 11-11　手

图 11-12　地球

（2）新建文档：选择【文件】|【新建】命令，设置文档大小为 400×400 像素，分辨率为 72 像素/英寸，图像模式为 RGB 颜色，背景内容为白色，然后单击【确定】按钮。

（3）选取【油漆桶工具】，（若找不到该工具，可在【渐变工具】上按下左键一会儿，即可出现该工具。）将前景色 R、G、B 值分别设置为 186、186、249，填充背景色。

（4）选中地球图像，选取【魔棒工具】，单击图像中的白色部分，图像中的整个白色部分被选中，选择【选择】|【反向】命令，选中"地球"；选取【移动工具】，将选中的"地球"拖动至新建的文档，自动形成图层 1。

（5）保持选中"图层 1"，选择【编辑】|【自由变换】命令，按<Shift>键的同时拖动其任意角上的控制点（保持长宽比），调整"地球"大小，按<Enter>键确认，如图 11-13 所示。

（6）选中"手.jpg"图像，选取【磁性套索工具】，将鼠标在手的轮廓任一处单击，形成第一个"锚点"，然后沿着手的轮廓移动鼠标箭头，当用磁性套索勾选出手的轮廓并与起始锚点形成了一个由虚线形成的闭合选区时，选取【移动工具】，拖动选中的"手"移动到新建的文档中形成"图层 2"。

（7）保持选中"图层 2"，选择【编辑】|【自由变换】命令，适当改变大小；将图层 2 拖

动至图层面板底部的【创建新图层】按钮上复制"图层 2",形成"图层 2 副本"。保持选中"图层 2 副本",选择【编辑】|【变换】|【水平翻转】命令,用【移动工具】将翻转过来的手移动至合适位置,如图 11-14 所示。

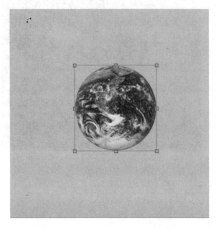

图 11-13 调整"地球"大小

图 11-14 移动"手"图片

（8）在工具箱中选取【横排文字工具】,在文字选项栏中设置字体为黑体、大小为 30 点、颜色为白色,在图像中创建文字"人类只有一个地球";在文字选项栏中单击【创建文字变形】按钮,在【变形文字】对话框中,选择样式为"扇形",其他默认（见图 11-15）,然后单击【确定】按钮。

（9）选取【移动工具】,将文字部分拖动至合适位置;右键单击文字图层,从弹出的快捷菜单中选择【栅格化文字】命令,将文字层转为普通层,选择【编辑】|【描边】命令,在【描边】对话框中,设置宽度为 2px,颜色为红色的居外描边。

（10）选中图层 1（地球图层）,【图层】|【图层样式】|【斜面和浮雕】命令,设置深度为100%,大小为 100px,创建地球的立体效果,图像最终效果如图 11-16 所示。

（11）选择【文件】|【存储为】命令,将文件保存为"爱护地球.jpg"。

图 11-15 【变形文字】对话框

图 11-16 最终效果

【任务 4】 　使用【选取工具】、【渐变工具】、【变换】、【图层样式】等工具制作圆锥体。

▶▶ 操作步骤与提示 ◀◀

（1）新建文档：选择【文件】|【新建】命令，设置文档大小为 640×480 像素，分辨率为 72 像素/英寸、图像模式为 RGB 颜色，背景内容为白色，然后单击【确定】按钮。

（2）选择【渐变工具】，设置前景色为白、背景色为黑，渐变工具选项栏中设置其渐变类型为【线性渐变】；打开"渐变编辑器"，选择"从前景色到背景色渐变"，在图像中从左下角至右上角拉出渐变。

（3）单击图层面板底部的【创建新图层】按钮，创建"图层 1"。

（4）使用【矩形选框工具】绘制矩形选区；选择【渐变工具】，在其选项栏中设置渐变方式为【线性渐变】，在【渐变编辑器】对话框中选择"铜色渐变"，在矩形选区内从左到右拉出渐变，如图 11-17 所示。

（5）保持选中状态，选择【编辑】|【变换】|【透视】命令，拖动变形控制框右上角的控制点向中间拉动，形成图 11-18 所示的三角形，按<Enter>键确定；选择【选择】|【取消选择】命令，取消选择。

图 11-17　矩形选区内从左到右的渐变

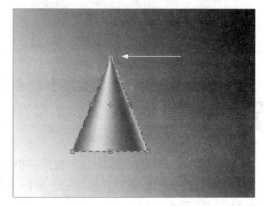

图 11-18　变换为三角形

（6）选取【椭圆选框工具】，在图像底部绘制一个椭圆，再用【矩形选框工具】增加一个矩形选区（可在按下<Shift>键的同时绘制矩形，以增加选区），如图 11-19 所示。

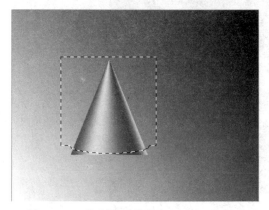

图 11-19　绘制椭圆并增加一个矩形选区

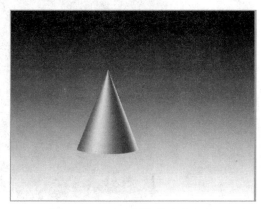

图 11-20　取消圆锥体左右底角

（7）选择【选择】|【反向】命令，按<Delete>键将圆锥体左右底角删除，选择【选择】|【取消选择】命令，取消选择，如图 11-20 所示。

（8）选择【图层】|【图层样式】|【投影】命令，产生圆锥体投影；选择【图层】|【图层样式】|【创建图层】命令，将圆锥体与投影分离，自动生成"图层 1 的投影"层。

（9）选中"图层 1 的投影"层，选择【编辑】|【变换】|【扭曲】命令，拖动控制点成图 11-21 所示效果，按<Enter>键确认。

（10）选择【滤镜】|【模糊】|【高斯模糊】命令，设置半径为 14，然后单击【确定】按钮。最终效果如图 11-22 所示。

（11）选择【文件】|【存储为】命令，将文件保存为"圆锥体.jpg"。

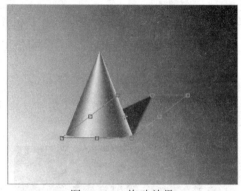
图 11-21　拖动效果

图 11-22　最终效果

【任务 5】　使用【图层变换】、【图层样式】、【选取工具】、【画笔】等工具制宝宝相框。

▶▶ 操作步骤与提示 ◀◀

（1）打开"实训素材\实训 11"文件夹中的"宝宝.jpg"（见图 11-23）。

（2）在图层面板中复制背景图层；选择背景图层，将背景色设为黑色，按<Ctrl+Delete>组合键对背景层填充黑色。

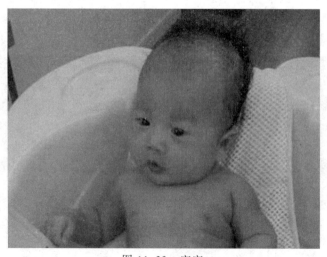
图 11-23　宝宝

（3）选择背景副本图层，选择【编辑】|【自由变换】命令，按<Ctrl+Alt>组合键调整图像大小（见图 11-24）。

（4）单击图层面板底部的【添加图层样式】按钮，在弹出的快捷菜单中选择【描边】，然后设置位置为内部，大小为 16 像素，颜色为白色，单击【确定】按钮。获得如图 11-25 所示效果。

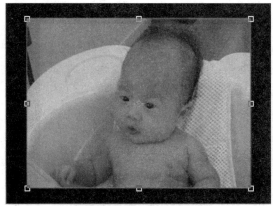

图 11-24　调整图像大小

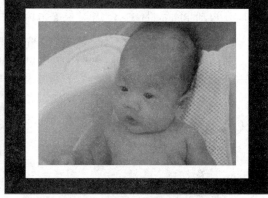

图 11-25　图层描边

（5）按<Ctrl>键单击背景副本图层缩略图标，载入选区，选择【选择】|【修改】|【收缩】命令，设置收缩量为 16 像素，选择【编辑】|【描边】命令，设置宽度为 2px、颜色为黑色、位置为内部，单击【确定】按钮；按<Ctrl+D>组合键取消选择。

（6）新建图层 1，选择【画笔工具】，点开工具选项栏右侧【切换画笔面板】按钮，设置直径为 9px、硬度 100%、间距 158%（见图 11-26）。在图层 1 进行绘制。最终效果如图 11-27 所示。

（7）选择【文件】|【存储为】命令，将文件保存为"宝宝相框.jpg"。

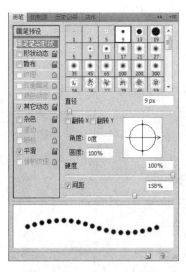

图 11-26　画笔面板设置

图 11-27　最终效果

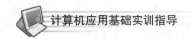

四、课后训练及思考

（1）启动 Photoshop CS4，打开"实训素材\实训 11"文件夹中"pic1.jpg"和"pic2.jpg"文件；将 pic2 图像中的船只合成到 pic1 图像中并适当调整大小；制作如样张所示的船的倒影；为船只的倒影添加水波的滤镜，样式为从中心向外，数量 15，起伏 20，并适当调整不透明度。图片最终效果参照样张（如图 11-28 所示），以"lx1.jpg"为文件名保存结果。

（2）启动 Photoshop CS4，新建一个 640×480 像素的 RGB 白色图像，打开配套光盘"实训素材\实训 11"文件夹中 pic3.jpg、pic4.jpg 和 pic5.jpg 文件。设置背景为白色到粉色(#f6bdbd)的径向渐变填充。将 pic3.jpg、pic4.jpg 和 pic5.jpg 中的花合成到背景图像中，并分别进行复制、缩放和扭曲并调整适当大小和位置。添加距离和大小都为 20 像素、角度为 155°的投影（花除外）。书写文字"美不胜收"（华文新魏、72 点）。设置文字"黄，紫，橙，蓝"渐变叠加的图层样式效果。最终效果参照样张（见图 11-29）。将结果以 lx2.jpg 为文件名保存。

图 11-28　样张

图 11-29　样张

（3）启动 Photoshop CS4，打开配套光盘"实训素材\实训 11"文件夹中 pic6.jpg 和 pic7.jpg，用"魔棒"（容差为 50）选取大树及草丛，建立新图层作为前景；将 pic7.jpg 中的图像全部合成到 pic6.jpg 中，合成后该图层的混合模式更改为"变亮"；用横排文本工具输入文字"暴风雨的前奏"，字体为黑体、大小 90 点、黄色，并创建变形，样式为"贝壳、垂直"，适当调整位置；为文本添加投影样式（角度 120°，距离 16，扩展 23%，大小 7）。图片最终效果参照样张（如图 11-30）。将结果以 lx4.jpg 为文件名保存。

（4）启动 Photoshop CS4，打开配套光盘"实训素材\实训 11"文件夹中 pic8.jpg、pic9.jpg 和 pic10.jpg。将 pic9 和 pic10 图像合成到 pic8 图像中并适当调整大小（pic10 图像可采用【编辑】|【变换】|【变形】命令进行调整）。按样张制作椭圆形花瓶阴影，羽化值 5，颜色（R:102，G:102，B:102）。添加文字"花瓶贴花"，其格式：华文行楷，55 点，按样张调整文字位置，并设置投影效果和渐变叠加（色谱）的效

图 11-30　样张

果。图片最终效果参照样张（见图 11-31），以"lx4.jpg"为文件名保存结果。

（5）启动 Photoshop CS4，新建一个 600×500 像素的 RGB 白色图像，填充背景层为黑色。新建图层 1，用矩形框选工具画出立柱。用渐变工具填充，渐变编辑器设定渐变条左、中、右色标分别为（#989898、#ffffff、#676767），立柱上端用椭圆框选工具画出端面，用"#d7d7d7"色填充（可采用<Alt+Delete>组合键填充前景色），下端按样张修改成圆弧端面，采用复制、自由变换等方法制作其余水平栏杆和格栅。图片最终效果参照样张（见图 11-32），结果以 lx5.jpg 为文件名保存。

图 11-31　样张

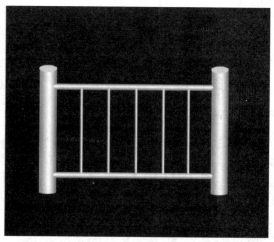

图 11-32　最终效果

实训 12
使用蒙版和滤镜创建图像特效

一、实训目的

（1）认识蒙版的含义，能利用图层蒙版创建图像特效；

（2）能应用蒙版文字工具创建文字的立体效果；

（3）掌握运用图层样式创建各种图层特效的方法；

（4）了解图层混合模式的作用及实现效果；

（5）认识滤镜的含义，能运用滤镜创建各种艺术效果。

二、实训环境与素材

（1）中文版 Windows 7 操作系统；

（2）中文版 Photoshop CS4 软件；

（3）"实训素材\实训 12"文件夹。

三、实训任务与操作方法

【任务 1】 利用图层、蒙版、渐变等工具，制作"展翅飞翔"图像。

▶▶ 操作步骤与提示 ◀◀

（1）打开配套光盘"实训素材\实训 12"文件夹中的"飞翔.jpg"，如图 12-1 所示。

（2）鼠标双击背景层，在弹出的【新建图层】对话框中（见图 12-2）单击【确定】按钮，将背景层转换为图层 0。

图 12-1　飞翔

图 12-2　【新建图层】对话框

（3）单击图层面板底部【创建新图层】按钮，新建"图层 1"，设置前景色为白，选取【油漆桶工具】，将图层 1 填充为白色；拖动图层 1 至图层 0 的下方。

（4）选中图层 0，单击图层面板底部【添加图层蒙版】按钮，为图层 0 添加蒙版。（图层蒙版用于控制图层中的某些区域如何被隐藏或显示，通过修改图层蒙版，可以将各种特殊效果应用于图层上，而不会影响该图层上原来的图像。图层蒙版是一种灰度图像，用黑色绘制的区域将被隐藏，用白色绘制的区域是可见的，而用灰度梯度绘制的区域则会出现在不同层次的透明区域中。）

（5）保持前景色为黑，设置背景色为白，选择【渐变工具】，在其选项栏中打开"渐变编辑器"，设置"前景色到背景色的渐变"，渐变方式为【菱形渐变】，不透明度为 50%，在图像中拖动鼠标从海鸥头部至图像右下方，创建在蒙版上增加渐变后的特效，最终效果如图 12-3 所示。

（6）选择【文件】|【存储为】命令将文件保存为"展翅飞翔.jpg"。

图 12-3　最终效果

【任务 2】　利用蒙版、滤镜、图层样式、横排文字工具等，制作图像镜框。

▶▶ 操作步骤与提示 ◀◀

（1）打开"实训素材\实训 12\睡吧.jpg"图像。如图 12-4 所示。

（2）将背景层转换为图层 0；新建图层 1，将前景色设为金黄色（R、G、B 参数分别设置为 250，139，9），使用油漆桶工具进行填充，将图层 1 衬于图层 0 的下方。

（3）选择图层 1，选择【图层】|【新建】|【图层背景】命令，将图层 1 转换成背景层；选择【图像】|【画布大小】命令，在弹出的对话框中设置相对宽度和高度均为 0.5 厘米，画布扩展颜色为"前景"色（见图 12-5）。

（4）选择图层 0，按住<Ctrl>键单击图层 0 的缩览图，载入此图层的选区，单击图层面板底部的"添加图层蒙版"按钮，为此图层添加蒙版。

（5）在蒙版状态下，选择【滤镜】|【模糊】|【高斯模糊】命令，在弹出的对话框中设置半径为 30 像素，对蒙版边缘进行模糊处理。

（6）按<Ctrl>键单击图层 0 的蒙版缩览图，载入选区，选择【选择】|【反向】命令，将选区反选，保持前景色为白、背景色为黑，按数次<Delete>键，将选区内的图像删除，如图 12-6 所示。

图 12-4　睡吧

图 12-5　画布大小

（7）按<Ctrl+D>组合键，取消选择，选择【滤镜】|【画笔描边】|【喷色描边】命令，在弹出的对话框中设置描边长度为 18、喷色半径为 24、描边方向为右对角线，如图 12-7 所示。单击【确定】按钮。效果如图 12-8 所示。

图 12-6　将选区内的图像删除

图 12-7　【喷色描边】对话框

（8）选取【横排文字工具】，创建文字"Baby，please sleep"，设置字体 Arial Black、字号 12 点，创建"波浪"的变形文字，在文字层选择【图层】|【图层样式】|【渐变叠加/斜面和浮雕】命令，在弹出的【图层样式】对话框中，设置渐变色为"色谱"（见图 12-9），单击【确定】按钮。最终效果如图 12-10 所示。

（9）选择【文件】|【存储为】命令，以"宝宝睡吧.jpg"为名保存文件。

图 12-8　"喷色描边"效果

图 12-9　设置文字"渐变叠加"

图 12-10　最终效果

【任务 3】　利用【图像】|【调整】命令，滤镜及图层的混合模式等操作，创建图像的淅沥小雨特效。

▶▶ 操作步骤与提示 ◀◀

（1）打开"实训素材\实训 12\水湾.jpg"图像，如图 12-11 所示。

图 12-11　水湾

（2）单击图层面板底部的【创建新图层】按钮，新建"图层 1"。

（3）设置前景色为黑，选择【油漆桶工具】，填充"图层 1"为黑色。

（4）选中"图层 1"，选择【滤镜】|【像素化】|【点状化】命令，在弹出的【点状化】对话框中设置"单元格大小"为 3，然后单击【确定】按钮，效果如图 12-12 所示。(【点状化】滤镜的作用是将图像中的颜色分解为随机分布的网点。)

（5）选择【图像】|【调整】|【阈值】命令，在弹出的【阈值】对话框中设置"阈值色阶"为 255，然后单击【确定】按钮，效果如图 12-13 所示。(【阈值】命令可将图像转换为高对比度的黑白图像。)

（6）选择【滤镜】|【模糊】|【动感模糊】命令，在弹出的【动感模糊】对话框中设置角度为-75°，距离为 10，然后单击【确定】按钮。效果如图 12-14 所示。

图 12-12　"点状化"设置效果

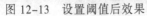

图 12-13　设置阈值后效果　　　　　　　　　图 12-14　动感模糊效果

（7）选择【滤镜】|【锐化】|【USM 锐化】命令，在弹出的对话框中，设置数量为 300、半径为 1、阈值为 0，出现图 12-15 所示效果。（【USM 锐化】命令通过增加图像边缘的对比度来锐化图像。）

（8）选择【滤镜】|【模糊】|【动感模糊】命令，在弹出的【动感模糊】对话框中设置角度为-75°，距离为 25，然后单击【确定】按钮，添加图 12-16 所示的动感模糊效果。

图 12-15　USM 锐化效果　　　　　　　　　图 12-16　动感模糊效果

（9）在图层面板中将图层 1 的混合模式设置为"滤色"，最终效果如图 12-17 所示。

（10）选择【文件】|【存储为】命令，以"水湾细雨.jpg"为名保存文件。

图 12-17 最终效果

【任务 4】 利用图层、图层样式、横排文字蒙版工具及滤镜等操作，制作透明立体字效果。

▶▶ 操作步骤与提示 ◀◀

（1）打开"实训素材\实训 12\风景.jpg"，如图 12-18 所示。

（2）将背景层拖动图层面板底部【创建新图层】按钮上，复制该图层为"背景副本"层。

（3）选择【横排文字蒙版工具】，在"背景副本"图层中输入蒙版文字"景色宜人"，隶书、18 点，单击选项栏【提交所有当前编辑】按钮，创建文字选区，如图 12-19 所示。

（4）保持选中背景副本层，单击图层面板底部【添加图层蒙版】按钮，为背景副本层创建蒙版，文字选区被加载到蒙版上。

（5）选择【图层】|【图层样式】|【斜面和浮雕】命令，产生图 12-20 所示的透明立体字效果。

（6）选中背景图层，选择【矩形选框工具】，选中图像下半部分（倒影部分）。选择【滤镜】|【扭曲】|【海洋波纹】命令，在弹出的【海洋波纹】对话框中（见图 12-21），设置波纹大小为 10，波纹幅度为 15，然后单击【确定】按钮。最终效果如图 12-22 所示。

图 12-18 风景

图 12-19 创建文字选区

图 12-20 透明立体字效果

图 12-21 【海洋波纹】对话框

（7）选择【文件】|【存储为】命令，以"景色宜人.jpg"为名保存文件。

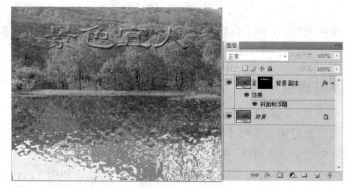

图 12-22 最终效果

【任务 5】 使用魔棒工具、【图像】|【调整】命令、滤镜及图层样式等方法制作"奥运五环"的宣传广告。

▶▶ 操作步骤与提示 ◀◀

（1）打开"实训素材\实训 11"文件夹中的"环.jpg"和"草原.jpg"（见图 12-23 和图 12-24）。

图 12-23 环

图 12-24 草原

（2）选中图像"环.jpg"，用【魔棒工具】点选白色部分（容差设为20），然后反选，选中圆环。用【移动工具】拖动选中的"环"移动到"草原"图像中形成图层1。

（3）将图层1再复制4个，把5个图层分别重命名为：蓝、黑、红、黄、绿，并移动到合适位置，如图 12-25 所示。

图 12-25   五环

（4）选择【图像】|【调整】|【色相/饱和度】和【图像】|【调整】|【亮度/对比度】命令来调整各环的颜色，黑色的必须先选择【图像】|【调整】|【去色】命令。具体参数见表 12-1。

表 12-1   调整各环颜色参数

图层	色相/饱和度		亮度/对比度	
	色相	饱和度	亮度	对比度
蓝	30	10		
黑			−80	80
红	143	60		
黄	−143	10		
绿	−71	0		

（5）复制"黄"、"绿"两个图层，并移动到各"环"图层的下方。按样张用【橡皮擦工具】擦掉最上面"黄""绿"相关部分，使呈现环环相扣的效果。

（6）合并除背景层外的所有"环"图层，使五环成为一个图层并更名为"五环"，复制该图层形成"五环副本"图层；选中"五环"图层，按住<Ctrl>键单击该图层的缩览图，载入此图层的选区，按<Alt+Delete>组合键填充前景色（设置前景色为黑色），用【移动工具】将五环移动到合适位置。选择【滤镜】|【模糊】|【高斯模糊】命令，模糊半径10像素，图层不透明度为45%。形成五环投影，如图 12-26 所示。

（7）在工具箱中选择【横排文字工具】，在设置字体为隶书，大小为 60 点，设置行距为72，在图像中创建文字"同一个世界   同一个梦想"（按<Enter>键换行）；文字添加"投影""斜面和浮雕"和气泡"图案叠加"效果，最终结果如图 12-27 所示。

图 12-26　五环投影

图 12-27　最终效果

（8）选择【文件】|【存储为】命令，将文件保存为"奥运五环.jpg"。

四、课后训练及思考

（1）启动 Photoshop CS4，打开"实训素材\实训 12"文件夹中的"pic01.jpg"文件，按样张创建选区，创建新图层，在选区中填充颜色（R：164；G：103；B：7），添加杂色，数量为 40%，单色。添加"动感模糊"的滤镜效果，角度为 0°，距离为 20，利用斜面和浮雕制作出像框的效果。图片最终效果参照样张（见图 12-28）。以"lx01.jpg"为文件名保存结果。

（2）启动 Photoshop CS4，打开"实训素材\实训 12"文件夹中的"pic02.jpg"文件，按样张利用选区和旋转扭曲滤镜创建 3 处扭曲木纹（"旋转扭曲"参数分别为 200、150、-180）；以背景层为基础，利用横排文字蒙版工具、斜面和浮雕（深度 200%）图层样式创建"木纹立体字"文字（隶书、100 点）。图片最终效果参照样张（如图 12-29 所示）。以"lx02.jpg"为文件名保存结果。

图 12-28　样张（1）

图 12-29　样张（2）

（3）动 Photoshop CS4，打开"实训素材\实训 12"文件夹中的"pic03.jpg"和"pic04.jpg"文件，将"pic04.jpg"图像合成到"pic03.jpg"中，形成图层 1，调整大小，将图层 1 的混合模式调整为柔光；复制图层 1 形成图层 1 副本，将该图层混合模式调整为强光，为"图层 1 副本"添加图层蒙版，使用径向渐变创建如样张所示效果；输入文字"人与自然之美"，字体为"隶书""10 点"，创建"扭转"变形，设置文字"蓝、红、黄渐变"的渐变叠加图层样式和外发光（扩展 27%，大小 16 像素）效果。图片最终效果参照样张（见图 12-30）。以"lx03.jpg"为文件名保存结果。

（4）启动 Photoshop CS4，打开"实训素材\实训 12"文件夹中"pic05.jpg""pic06.jpg"文件，将"pic05.jpg"图像中的雄鹰合成到"pic06.jpg"中，调整其大小、位置和角度，形成图层 1；用多边形套索工具勾选雄鹰的翅膀、尾部等需要产生动感的部分，添加动感模糊（参数默认）滤镜特效；按样张制作雄鹰在海水中的倒影；利用蒙版文字工具添加"俯冲"的透明效果文字（华文琥珀，100 点），扇形变形（水平、弯曲 20%、垂直扭曲-25%），添加黑色 3 像素的居外描边和投影。图像最终效果参照样张（见图 12-31）。将结果以 lx04.jpg 为文件名保存。

图 12-30　样张（3）

图 12-31　样张（4）

（5）启动 Photoshop CS4，打开"实训素材\实训 12"文件夹中"pic07.jpg""pic08.jpg"文件，将"pic08.jpg"图像移动到"pic07.jpg"中，并水平翻转，设置"叠加"的图层混合模式；合并所有图层，制作镜框线，为图层添加大小为 10 像素的样式为枕状浮雕的斜面和浮雕图层样式，为镜框添加马赛克拼贴的滤镜特效；书写"海边家园"，蓝色、隶书、10 点，并添加 3 像素的白色描边及"斜面和浮雕"的图层样式。图像最终效果参照样张（见图 12-32）。将结果以 lx05.jpg 为文件名保存。

图 12-32　样张（5）

实训 13
声音的处理

一、实训目的

（1）比较熟练掌握声音的常用编辑方法；

（2）了解声音软件的处理特效；

二、实训环境与素材

（1）中文版 Windows 7 操作系统；

（2）GoldWave 声音处理软件；

（3）素材文件夹："实训 13"文件夹。

三、实训任务与操作方法

【任务 1】 利用 GoldWave 制作短信铃声。将素材文件夹中 "Bach Gammon. wma"文件，将 15 秒至 25 秒间的音乐制作成短信铃声，最终结果保存为 "MessageTone. mp3"。

▶▶ 操作步骤与提示 ◀◀

（1）打开文件，试听音频。

① 运行 GoldWave 声音处理软件，单击主窗口常用工具栏中的【打开】按钮，打开素材中的 "Bach Gammon.wma" 文件，显示两个声道的波形，表示该声音文件是立体声文件。

② 单击右侧【控制器】窗口的绿色【播放】按钮进行预览播放。通过控制器窗口的 "时间和状态" 框，确定当前的播放进度和播放状态。

③ 将滑块移动到要保留声音的位置，即拖动到 9 秒的位置，如图 13-2 所示。

（2）确定选区，进行裁剪操作。

① 单击工具栏中的【设标】按钮，打开【设置标记】对话框。在【基于时间位置】处的【开始】一栏中输入 "00:00:15.00000"，在【结束】一栏中输入 "00:00:25.00000"，单击【确定】按钮。此时选中的部分以亮蓝色显示，其余未选中部分以暗黑色显示，如图 13-1 所示。

② 单击右侧【控制器】窗口的黄绿色【播放】按钮进行预览播放，确认选区的音频内容。

③ 单击常用工具栏上的【剪裁】按钮，即可将音乐文件中没有选取的部分清除，只留下所选取的音乐片段，该波形被自动放大显示，如图 13-2 所示。

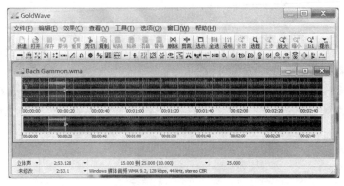

图 13-1　设置标记

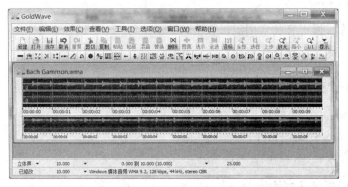

图 13-2　剪裁音乐

（3）保存结果。

选择【文件】|【另存为】命令，打开【保存声音为】对话框，输入文件名"MessageTone"，选择保存类型"MPGE 音频（*.mp3）"，单击【保存】按钮。

【任务 2】 利用 GoldWave 制作配乐诗朗诵，要求背景音乐具有淡入淡出效果。最后保存文件名为"配乐诗朗诵.mp3"。

▶▶ 操作步骤与提示 ◀◀

（1）创建文件"配乐诗朗诵.mp3"。

① 运行 GoldWave 声音处理软件，打开素材里的诗朗诵声音文件"再别康桥.mp3"，该文件长度将近 1.43 分钟。

② 单击工具栏中的【复制】按钮，将整个波形段复制到剪贴板。

③ 单击常用工具栏中的【粘新】按钮，将波形粘贴为新文件，并保存文件名"配乐诗朗诵.mp3"。

（2）制作背景音乐文件"思乡曲.wma"淡入淡出效果。

① 打开素材文件夹里的背景音乐文件"思乡曲.wma"，在时间轴约为 00:01:50 的位置单击鼠标，选择波形的开始处；在波形的结束处右击，执行快捷菜单中的【设置结束标记】命令，选择波形的结束处。单击工具栏的【删除】按钮，删除选择的波形，截取长度约为 1.5 分钟的音乐。

② 选择开始的 40 秒波形，单击特效工具栏中的【淡入】按钮，选择【静音到完全音量，直线型】命令，单击【播放】试听当前音频。

③ 选择结束的 40 秒波形，单击特效工具栏中的【淡出】按钮，选择【完全音量到静音，直线型】命令，单击【播放】试听当前音频。最终效果如图 13-3 所示。

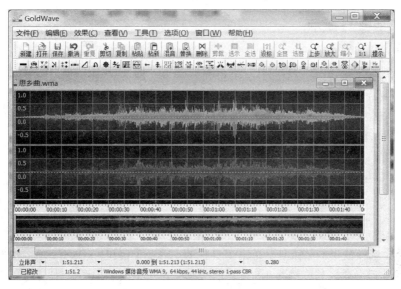

图 13-3　淡入淡出效果

（3）文件混音。

① 选择编辑后的"思乡曲.wma"全部波形，单击【复制】按钮。

② 单击【窗口】菜单中的"配乐诗朗诵.mp3"文件，将其切换为当前窗口。单击常用工具栏中的【混音】按钮，打开【混音】对话框，单击【试听】按钮试听当前设置。满意后单击【确定】按钮，如图 13-4 所示。保存文件"配乐诗朗诵.mp3"，完成配乐诗朗诵文件的制作。

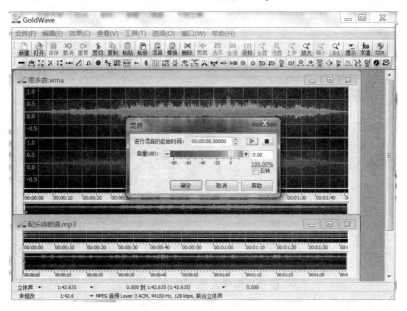

图 13-4　文件混音

【任务 3】 利用 GoldWave 制作配乐诗朗诵，要求左声道为朗诵，右声道为背景音乐，消除静音后，最后保存文件名为"诗朗诵配乐.wav"。

▶▶ 操作步骤与提示 ◀◀

创建文件"诗朗诵配乐.wav"。

（1）运行 GoldWave 声音处理软件，打开素材里的诗朗诵声音文件"再别康桥.mp3"。

（2）单击工具栏中的【复制】按钮，将整个波形段复制到剪贴板。

（3）单击【文件】|【新建】命令，打开【新建声音】对话框，如图 13-5 所示。在其中设置初始化长度与"再别康桥.mp3"文件等长，并保存文件名为"诗朗诵配乐.wav"。

图 13-5　新建声音

（4）选择【编辑】|【声道】|【左声道】命令，单击常用工具栏的【替换】按钮，将剪贴板中的朗诵文件波形作为左声道内容。

（5）打开素材文件夹里的背景音乐文件"思乡曲.wma"，在时间轴约为 00:01:50 的位置右击鼠标，执行快捷菜单中的【设置结束标记】命令，选择波形的结束处。单击工具栏的【剪裁】按钮，删除未选中的波形，截取长度约为 1.5 分钟的音乐。单击【复制】按钮。

（6）单击【窗口】菜单中的"诗朗诵配乐.wav"文件，将其切换为当前窗口。选择【编辑】|【声道】|【右声道】命令，单击工具栏的【替换】按钮，将剪贴板中的思乡曲文件波形作为右声道内容。单击特效工具栏的【静音消除】按钮，消除音乐开始部分的静音，制作结果如图 13-6 所示。

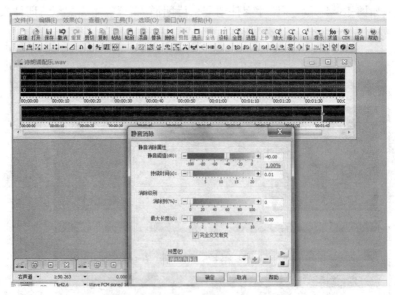

图 13-6　编辑左右声道及消除静音

（7）选择【编辑】|【声道】|【右声道】命令，使右声道处于可编辑状态，单击【效果】|【音量】|【更改音量】命令，打开【更改音量】对话框，单击【预设】下拉框中的恶【一半】命令，如图 13-7 所示。单击【播放】按钮试听修改音量后的效果，单击【确定】按钮，完成

音量的修改。

（8）单击【保存】按钮，完成"诗朗诵配乐.wav"文
件的制作。

图 13-7　更改音量

四、课后训练及思考

（1）利用 GoldWave 录制一段声音，若其中存在空白段，将其删除，播放后，保存为 WAV
格式文件及 MP3 格式文件，观察两种不同格式文件的大小

（2）利用利用 GoldWave 从素材文件夹中的"U2.wma"取出前 1 分 1 秒长度的音乐，保存
为"U2part.wav"。删除该段音乐的前奏音乐，并设定该段音乐的最后 10 秒为淡出效果，保存
为"U2part.mp3"。

（3）选择一段自己喜欢的音乐，利用 GoldWave 制作个性化的手机铃声。

实训 14
视频的处理

一、实训目的

（1）了解 Windows Live 影音编辑软件的适用范围；
（2）了解流媒体的特征和相应播放软件的使用；
（3）熟悉 Windows Live 影音编辑软件的操作方法。

二、实训环境与素材

（1）中文版 Windows 7 操作系统；
（2）Windows Live 影音编辑软件；
（3）素材文件夹："实训 14"文件夹。

三、实训任务与操作方法

【任务 1】 使用素材中的图片，创建一个有片头、片尾和视频过渡的视频文件。

▶▶ 操作步骤与提示 ◀◀

1. 导入图片素材

（1）选择【开始】|【所有程序】|【Windows Live 影音制作】命令，出现程序主窗口，如图 14-1 所示。

图 14-1　程序主窗口

（2）单击【开始】工具栏上的【添加视频和照片】按钮，将素材中"图片"文件夹内的所有图片全部添加到程序中。添加完成后的图片会出现在程序的右侧窗口中。

（3）单击【开始】工具栏上的【添加音乐】按钮，将素材中的"For Elise.mp3"添加到程序中，音频名称会出现在照片上方。

（4）单击程序左侧的播放按钮，可在左侧预览区观看目前的视频剪辑效果。

2．编辑电影

（1）选择【动画】|【过渡特技】|【溶解】|【模糊–黑色】命令，并可以设置时长。

（2）选择【动画】|【平移和缩放】|【自动平移和缩放】命令，也可以选择自己喜欢的效果。选中某张图片，可以继续设置【动画】|【过渡特技】，达到自己满意的效果，如图 14-2 所示。

图 14-2　动画效果

（3）编辑背景音乐。

选择【音乐工具】|【选项】，可以设置"淡入淡出"效果，编辑【设置开始时间】、【设置起始点】、【设置终止点】，如图 14-3 所示。

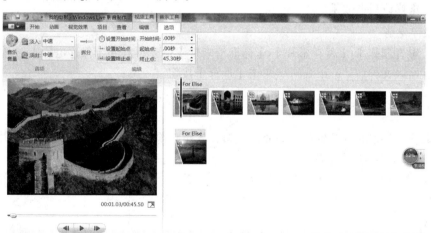

图 14-3　音乐设置

（4）设置片头和片尾。

① 单击【开始】工具栏上【片头】按钮，如图 14-4 所示。在左窗格文本框里输入文字"光与影的和谐"，输入文字后，选择【文本工具】|【格式】|【效果】|【电影–爆炸 1】。

图 14-4　添加片头片尾

② 还可以根据自己的喜好，配上字幕。

③ 添加和设置片尾的操作方法和片头的相似，此处不再赘述。

④ 此时若发现音乐的播放时长不够，可以选中音乐，在【音乐工具】|【选项】里重新设置起止点。

3．完成电影：命名为"光与影的和谐.wmv"

选择【影音制作】|【保存影片】|【标准清晰度】命令，打开【保存电影】对话框，选择保存位置，输入文件名"光与影的和谐.wmv"，单击【保存】按钮。

【任务 2】 视频的拼接与特效。

使用素材中的"片花.avi"文件，截取其中 10 秒到 24 秒之间的视频片段，改变视觉效果为棕褐色调，适当增加亮度，最终结果保存为"Part.wmv"。

▶▶ **操作步骤与提示** ◀◀

1．截取视频片段

（1）启动"Windows Live 影音制作"程序，将"片花.avi"添加到程序中。

（2）单击【编辑】工具栏上的【剪裁】按钮，此时工具栏会切换至"剪裁"功能区，如图 14-5 所示。

（3）将"起点"设置为"10.00 秒"，将"终止点"设置为"24.00 秒"，设置完成后单击【保存剪裁】按钮。

图 14-5　剪裁

2．添加视觉效果，增加视频亮度。

（1）切换到【视觉效果】工具栏，在工具栏中选择【棕褐色调】。

（2）单击工具栏上【亮度】按钮，调整滑块位置，适当增加视频的亮度。

（3）预览修改后的效果。

3．保存电影

选择【影音制作】|【保存影片】|【标准清晰度】命令，打开【保存电影】对话框，选择保存位置，输入文件名"part.wmv"，单击【保存】按钮。

四、课后训练及思考

（1）制作一段时长 3 分钟的自我介绍视频，视频必须包含字幕、背景音乐、照片等素材，并添加一定的动画和视觉效果。

（2）从网上搜索一些视频片断并加以编辑。搜索一下目前有多少种流媒体播放器？

实训 15
用 Flash 绘制卡通画

一、实训目的

（1）熟悉 Flash 的工作环境；
（2）掌握常用绘图工具的使用方法；
（3）熟悉"混色器"面板的使用方法；
（4）熟悉"渐变填充工具"的使用方法；
（5）掌握图形元件的创建和使用；
（6）熟悉按钮元件的创建；
（7）掌握保存和导出影片。

二、实训环境

（1）中文版 Windows 7 操作系统；
（2）中文版 Adobe Flash CS4 软件。

三、实训任务与操作方法

【任务1】 绘制七星瓢虫。

▶▶ 操作步骤与提示 ◀◀

（1）启动 Flash CS4 程序，如图 15-1 所示。

图 15-1　Flash 启动界面

（2）选择【文件】|【新建】命令，在打开的【新建文档】对话框中选择"Flash 文件（ActionScript 3.0）"，如图 15-2 所示，然后单击【确定】按钮。

图 15-2　新建文档

（3）将舞台大小调节为"显示帧"，如图 15-3 所示。

（4）单击工具栏中的【椭圆工具】按钮◯，设置笔触 为黑色、填充 为橙色，在舞台上拖动鼠标画一个椭圆，作为瓢虫的身体，如图 15-4 所示。

图 15-3　显示帧

图 15-4　绘制椭圆

（5）单击工具栏中的【线条工具】按钮＼，在椭圆中画一条直线，选择【选择工具】↖，放在直线上鼠标右下角出现一小段弧形标志，按住左键拖动鼠标将直线变形为弧线，如图 15-5 所示。再画一条竖线，如图 15-6 所示。

（6）单击工具栏中的【颜料桶工具】按钮，填充色改为黑色，单击头部，将瓢虫的头部涂黑，如图 15-7 所示。

（7）单击工具栏中的【刷子工具】按钮，在【选项】区中"刷子大小"下拉列表中选择适当的刷子大小 ，在瓢虫背上单击 7 次，画出 7 个圆点，如图 15-8 所示。

图 15-5　画弧　　　图 15-6　画竖线　　　图 15-7　头部涂黑　　　图 15-8　绘制圆点

（8）单击工具栏中的【椭圆工具】按钮◯，拖动鼠标画出一个椭圆，做瓢虫的头，如图 15-9 所示。

（9）单击工具栏中的【铅笔工具】按钮，在【选项】区中设置为"平滑"，如图 15-10

所示。画出瓢虫的触角和脚，如图 15-11 所示。

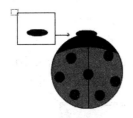

图 15-9 绘制头部　　　图 15-10 铅笔工具选项　　图 15-11 绘制触角和脚

（10）选择【文件】|【另存为】命令，保存为"瓢虫.fla"，如图 15-12 所示。同时，在桌面上生成的图标为 。

图 15-12 另存为"瓢虫.fla"

（11）选择【文件】|【导出】|【导出影片】命令，导出为"瓢虫.swf"，如图 15-13 所示。同时，在桌面上生成的图标为 。

图 15-13 导出影片"瓢虫.SWF"

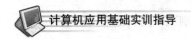

【任务 2】 绘制一树桃花。

▶▶ 操作步骤与提示 ◀◀

1．绘制桃花元件

（1）启动 Flash CS4 程序，选择新建 "Flash 文件（ActionScript 3.0）" 将舞台大小调节为 "显示帧"。选择【窗口】|【工具栏】|【主工具栏】命令，打开主工具栏，如图 15-14 所示。

图 15-14 主工具栏

（2）选择【插入】|【新建元件】命令，或者按<Ctrl+F8>组合键，弹出【新建元件】对话框，在【名称】文本框中输入 "花朵"，选择【类型】下的【图形】单选按钮，然后单击【确定】按钮，如图 15-15 所示。此时文档处于 "花朵" 元件的编辑状态，如图 15-16 所示。

图 15-15 插入 "花朵" 元件

图 15-16 "花朵" 元件的编辑界面

（3）单击工具栏中的【矩形工具】 按钮，从打开的下拉列表中选择【多角星形工具】命令。

（4）在属性面板中设置笔触色为无，填充色为粉色，如图 15-17 所示。

（5）在属性面板中，单击【选项】按钮 选项... ，如图 15-18 所示。在弹出的【工具设置】对话框中，选择【样式】为 "星形"，如图 15-19 所示。

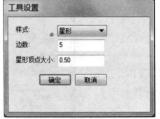

图 15-17 颜色设置　　　　　图 15-18 属性面板　　　　　图 15-19 五角星设置

（6）在 "花朵" 元件的场景中拖动鼠标，画一个粉色的五角星，如图 15-20 所示。切换为【选择工具】，将五角星的每条边都改为曲线，如图 15-21 所示。

图 15-20　绘制五角星　　　　　　　　　　　　图 15-21　变形为桃花

（7）选中桃花，展开【颜色】面板中的【混色器】选项卡，单击【填充颜色】按钮，从下拉列表中选取"放射状"类型，左端为白色，右端为粉色，如图 15-22 和图 15-23 所示。

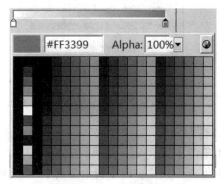

图 15-22　颜色设置　　　　　　　　　　　　图 15-23　粉色设置

（8）单击工具栏中的【填充变形工具】，调整填充颜色。最终效果如图 15-24 所示。

2．绘制树叶

（1）选择【插入】|【新建元件】命令，或者按<Ctrl+F8>组合键，弹出【新建元件】对话框，在【名称】文本框中输入"树叶"，选择【类型】为"图形"，然后单击【确定】按钮。

（2）单击工具栏中的【线条工具】按钮，设置【笔触颜色】为深绿色，在"树叶"元件的场景中拖动鼠标画一条直线，用【选择工具】将所画直线变成曲线，作为树叶的左边框；再绘制一条直线连接曲线的两个端点，用选择工具调整成曲线，作为树叶的右边框。另行绘制一条直线，调整后作为树叶的主叶脉，如图 15-25 所示。

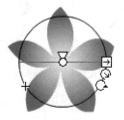

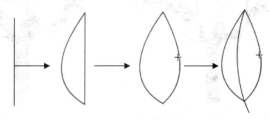

图 15-24　桃花元件　　　　　　　　　　　　图 15-25　树叶的绘制过程

（3）为树叶填充颜色：选中树叶的左半边，打开【混色器】面板，选中【填充颜色】按钮，设置类型为"线性",填充颜色左端为浅绿进行填充,右端为深绿;再选中树叶的右半边,填充颜色左端为浅绿,右端为深绿;分别用【填充变形工具】进行调整,效果如图 15-26 所示。

(4)再用【铅笔工具】绘制一些小叶脉,将多余的线条删去。这样一片简单的树叶就算画好了,如图 15-27 所示。

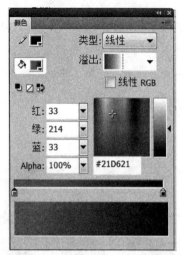

图 15-26　对树叶进行线性填充

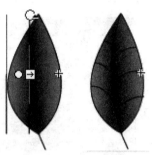

图 15-27　树叶元件

3. 绘制树干

(1)单击【场景 1】,返回到主场景中。

(2)单击工具栏中的【刷子工具】,填充色选择棕褐色,合理设置刷子的形状与大小,绘制树干和树枝,如图 15-28 所示。

4. 绘制一树桃花

(1)单击【库】面板,分别将桃花、树叶拖到场景的树干上,称为桃花实例、树叶实例,也称为元件的分身。

(2)选中某个实例,利用【任意变形工具】进行大小、角度以及方向等调整,如图 15-29 所示。

图 15-28　绘制树干、树枝　　　　　图 15-29　调整元件的实例

(3)选中某个实例,利用【属性】面板【颜色】下拉列表,进行亮度、色调、Alpha 值、

高级等的设置，如图 15-30 所示。

图 15-30　元件实例的属性设置

5．保存一树桃花

（1）选择【文件】｜【另存为】命令，保存为"一树桃花.fla"。

（2）选择【文件】｜【导出】｜【导出影片】命令，导出为"一树桃花.swf"。

四、课后训练及思考

（1）绘制卡通笑脸，效果如图 15-31 所示。

（2）绘制盆花，效果如图 15-32 所示。

图 15-31　卡通笑脸

图 15-32　盆花

（3）绘制水晶按钮，效果如图 15-33 所示。

（a）弹起时

（b）指针经过时

（c）按下时

图 15-33　水晶按钮

▶▶ 操作步骤与提示 ◀◀

① 选择【插入】|【新建元件】命令，在打开的【创建新元件】对话框中设置【名称】为 "元件 1"，【类型】为 "按钮"，如图 15-34 所示。

② 先画一个大圆，无笔触色，使用放射状填充，左端白色，右端紫色。

③ 新建一个图层，再画一个小圆，使用线性填充，填充的颜色左端为白色，右端为深紫，左端的【Alpha】设为 0，如图 15-35 所示。

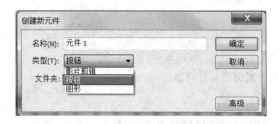

图 15-34　【创建新元件】对话框

图 15-35　填充颜色

④ "指针经过" 帧中，两个图层都插入关键帧，分别将大圆、小圆的右端填充色改为绿色。

⑤ "按下" 帧中，两个图层都插入关键帧，分别将大圆、小圆的右端填充色改为粉色。

⑥ "单击" 帧中，两个图层都插入帧。

⑦ 单击 "场景 1"，将按钮元件拖到舞台上，测试影片，如图 15-36 所示。

（4）绘制立体几何图形，效果如图 15-37 所示。其中，虚线的设置如图 15-38 所示。

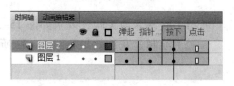

图 15-36　试播放

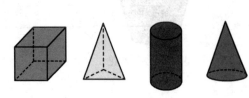

图 15-37　立体几何图形

图 15-38　虚线的设置

（5）绘制卡通小房子，效果如图 15-39 所示。

（6）绘制卡通小蘑菇，效果如图 15-40 所示。

图 15-39　卡通小房子

图 15-40　卡通小蘑菇

（7）边框线绘制练习，效果如图 15-41 所示。

（8）制作各种文字，效果如图 15-42 所示。

图 15-41　各种边框线型练习

图 15-42　各种文字

▶▶ 操作步骤与提示 ◀◀

① 空心字：用文本工具 **A** 输入文字"空心字"，打散两次，用墨水瓶工具描边，选中填充颜色，删除。

② 五彩字：用文本工具输入文字"五彩字"，打散两次，用油漆桶工具在文字笔画上单击填色，完成一种效果；选中文字，用油漆桶工具在文字笔画上拖动，起始点在文字笔画上，即完成另一种文字效果。

③ 立体字：用文本工具输入文字"TV"，做好空心效果，组合。复制出两个字罗列的效果，删除多余笔画。用调色板调节颜色填充，设置背景色即可。

④ 阴影字：颜色设置为灰色，复制"阴影字"修改颜色为红色，调节位置。

⑤ 波动字：用文本工具输入文字"波动字"，打散两次，使用任意变形工具的封套选项，调节文字效果。

⑥ 荧光字：用文本工具输入"ying guang zi"，制作空心字，颜色为黄色，选中文字，分别选择【修改】|【形状】|【将线条转化为填充】命令和【修改】|【形状】|【柔化填充边缘】命令。

（9）制作"举重"动画。几个关键帧如图 15-43 所示。

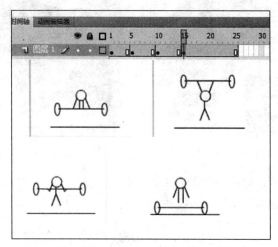

图 15-43 举重

实训 16
用 Flash 制作简单的动画

一、实训目的

（1）掌握逐帧动画的制作方法；
（2）掌握简单的形状补间动画的制作方法；
（3）掌握简单的传统动作补间动画的制作方法；
（4）掌握播放影片、测试影片的方法。

二、实训环境

（1）中文版 Windows 7 操作系统；
（2）中文版 Adobe Flash CS4 软件。

三、实训任务与操作方法

【任务 1】 制作雨景动画。

利用素材"雨景"文件夹中的 3 幅图片，制作动画，另存为"雨景.fla"，导出为"雨景.swf"和"雨景.gif"。

▶▶ 操作步骤与提示 ◀◀

（1）新建 Flash 文档，将图片素材导入到库。

① 启动 Flash CS4 程序，新建一个 Flash 文档。将舞台大小调节为"显示帧"。选择【窗口】|【工具栏】|【主工具栏】命令，打开主工具栏。

② 选择【文件】|【导入】|【导入到库】命令，在打开的【导入到库】对话框中同时选中这 3 幅图片，然后单击【打开】按钮，如图 16-1 和图 16-2 所示。

图 16-1 【导入图片】命令

图 16-2 【导入到库】对话框

（2）将图片素材分别放入第 1、2、3 帧中。

① 将"p1.jpg"从库中拖动到场景中，如图 16-3 所示。

图 16-3　从库中拖动到场景中

② 选择【修改】|【文档】命令，打开【文档属性】对话框，选中【内容】单选按钮，单击【确定】按钮。使文档大小与图片大小一致，如图 16-4 所示。再一次将舞台大小调节为"显示帧"。

图 16-4　设置文档属性

③ 右击时间轴第 2 帧，从弹出的快捷菜单中选择【插入空白关键帧】命令，如图 16-5 所示。

④ 然后将第 2 幅图片拖到第 2 帧的场景中。选中场景中的图片 2，在属性面板中将图片的 x、y 坐标均设置为 0。

⑤ 右击时间轴第 3 帧，选择【插入空白关键帧】命令，然后将第 3 幅图片拖到第 3 帧的场景中。选中场景中的图片 3，在属性面板中将图片的 x、y 坐标均设置为 0。时间轴如图 16-6 所示。

（3）播放、测试影片。

① 选择【控制】|【播放】命令，或者直接按<Enter>键，在编辑状态观看效果。

② 选择【控制】|【测试影片】命令，或者按<Ctrl+Enter>组合键。观看最终效果，如图 16-7 所示。

图 16-5　第 2 帧插入空白关键帧　　　　图 16-6　时间轴

图 16-7　测试影片

（4）保存、导出动画。

① 选择【文件】|【另存为】命令，保存为"雨景.fla"。

② 选择【文件】|【导出】|【导出影片】命令，导出为"雨景.swf"。

③ 选择【文件】|【导出】|【导出影片】命令，设置【文件名】为"雨景"，【保存类型】为"动画 GIF（*.gif）"，如图 16-8 所示。在弹出的【导出 GIF】对话框中保持默认设置，然后单击【确定】按钮，如图 16-9 所示。

图 16-8　导出为 GIF 动画　　　　　图 16-9　导出 GIF

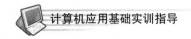

④ 将文档属性中的帧频由 12 依次改为 24、6，并测试影片，观看效果。

【任务 2】 制作汽车逐帧动画。

利用素材"汽车"文件夹中的 48 张汽车图片，制作逐帧动画。另存为"汽车.fla"，导出影片为"汽车.swf"。

▶▶ 操作步骤与提示 ◀◀

（1）查看"汽车"文件夹中的汽车图片信息。

打开"汽车"文件夹，选中图片"10001"，在显示的注释中，可以看到图片的尺寸为"376×240"像素，如图 16-10 所示。

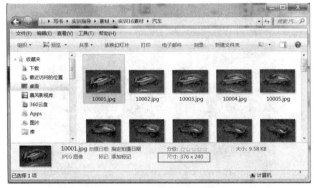

图 16-10 汽车图片的信息

（2）新建 Flash 文档，将图片素材导入到舞台。

① 启动 Flash CS4 程序，新建一个 Flash 文档。单击【属性】面板中大小右侧的【编辑】按钮，将文档尺寸改为"376×240px"，如图 16-11 所示。

② 将舞台大小调节为"显示帧"，显示主工具栏。

③ 选择【文件】|【导入】|【导入到舞台】命令，在打开的【导入】对话框中选中第 1 幅图片"10001.jpg"，然后单击【打开】按钮，如图 16-12 所示。随后弹出图 16-13 所示的对话框，单击【是】按钮，将这 48 张图片一次性全部导入舞台。随即看到时间轴上新添加了 48 个关键帧，每个关键帧中放置了一张图片，库中也新增了 48 个位图图片。并且所有图片在舞台上的坐标都是(0,0)，如图 16-14 所示。

图 16-11 设置文档大小

图 16-12　选择第 1 张图片　　　　　图 16-13　导入序列中的所有图像

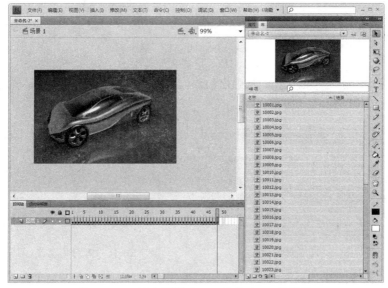

图 16-14　导入到舞台，一次导入 48 张图片

（3）测试、保存动画。

① 选择【控制】|【测试影片】命令，观看动画效果。

② 选择【文件】|【另存为】命令，保存为"汽车.fla"。

③ 选择【文件】|【导出】|【导出影片】命令，导出为"汽车.swf"。

【任务 3】　逐字显示文本。

逐字显示"天生我材必有用"，文本格式为隶书、大小 75、红色。动画总长 35 帧。每隔 5 帧显示一个字。保存为"逐字显示.fla"，导出为"逐字显示.swf"。

▶▶操作步骤与提示◀◀

（1）启动 Flash CS4 程序，新建一个 Flash 文档。将舞台大小设为"显示帧"，显示主工具栏。

（2）单击工具栏中的【文本工具】T，在【属性】面板中进行图 16-15 所示的设置。

（3）在舞台上单击，进入输入状态，输入文字"天生我材必有用"。右击时间轴第 35 帧，从弹出的快捷菜单中选择【插入帧】命令。

（4）选择【窗口】|【对齐】命令，打开对齐面板。选中场景中的图片，在对齐面板中单

击【相对于舞台】按钮，再单击【水平中齐】、【垂直中齐】按钮，使文本处于舞台中央，如图 16-16 所示。

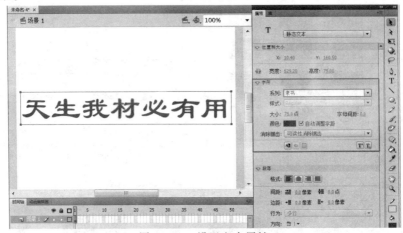

图 16-15　设置文本属性

（5）在舞台上右击选中的文字，从弹出的快捷菜单中选择【分离】命令，每个文字被蓝色边框线单独选中，如图 16-17 所示。

图 16-16　对齐面板

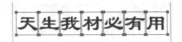

图 16-17　分离文本

（6）分别在第 5、10、15、20、25、30 帧处右击，选择【插入关键帧】命令，然后第 1 帧保留"天"字，删掉其余六个字，如图 16-18 所示。

（7）第 5 帧保留"天生"两个字，删掉其余五个字，依此类推，"天生我"（第 10 帧）、"天生我材"（第 15 帧）、"天生我材必"（第 20 帧）、"天生我材必有"（第 25 帧）、"天生我材必有用"（第 30 帧），如图 16-19 所示。

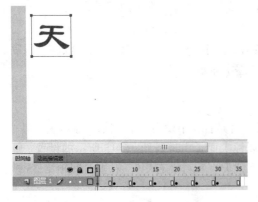

图 16-18　逐字显示（1）

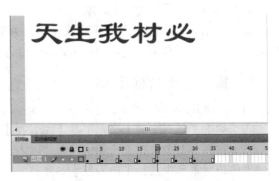

图 16-19　逐字显示（2）

（8）测试影片，观看效果。保存为"逐字显示.fla"，导出影片为"逐字显示.swf"。

【任务 4】 制作闪烁字"春天在哪里"。

参考样例"闪烁字.swf"，制作一个 15 帧的动画，在蓝背景上，白边黑色的文字"春天在哪里"，变换为红边黄色、粉边棕色，再变回白边黑色的文字。保存为"闪烁字.fla"，导出影片为"闪烁字.swf"。

▶▶ 操作步骤与提示 ◀◀

（1）启动 Flash CS4 程序，新建一个 Flash 文档。将舞台大小设为"显示帧"，显示主工具栏。

（2）在【属性】面板上设置文档背景色为蓝色。

（3）单击【文本工具】按钮，输入文字"春天在哪里"，字体为"华文行楷"，字号大小为"96"，水平居中 旦、垂直居中 旦。

（4）在舞台上，右击输入的文字，从弹出的快捷菜单中选择【分离】命令，重复 2～3 次，直至文字变成矢量图，选中标志为一片小白点，如图 16-20 所示。

（5）单击【椭圆工具】，在【属性】面板中设置笔触高度为 4 像素。

（6）单击【墨水瓶工具】，选择笔触颜色为白色，在每个文字上单击，描白边。

（7）选中所有文字，单击【颜料桶工具】，选择填充颜色为黑色，把每个字都填充成黑色，如图 16-21 所示。

图 16-20 将文本分离成矢量图

图 16-21 白边黑字

（8）右击时间轴第 5 帧，从弹出的快捷菜单中选择【插入关键帧】命令，在工具栏中，将笔触颜色改为红色、填充色改为黄色，即 ■春天在哪里■。

（9）右击时间轴第 10 帧，从弹出的快捷菜单中选择【插入关键帧】命令，在工具栏中，将笔触颜色改为粉色、填充色改为棕色，即 ■春天在哪里■。

（10）右击时间轴第 15 帧，从弹出的快捷菜单中选择【插入关键帧】命令，在工具栏中，将笔触颜色改为白色、填充色改为黑色。时间轴如图 16-22 所示。

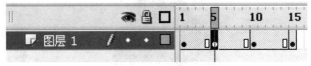

图 16-22 闪烁字时间轴

（11）测试影片，观看效果。保存为"闪烁字.fla"，导出影片为"闪烁字.swf"。

【任务 5】 制作矢量图的形状补间动画。

制作一个 2s 的动画，使一个绿三角变成红太阳。保存为"矢量图形状补间.fla"，导出为"矢量图形状补间.swf"。

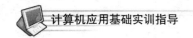

▶▶ 操作步骤与提示 ◀◀

（1）启动 Flash CS4 程序，新建一个 Flash 文档。将舞台大小设为"显示帧"，显示主工具栏。

（2）使用【线条工具】，笔触色为蓝色，笔触粗细 5，在舞台上画出一个三角形，再使用【油漆桶工具】，填充色为绿色，单击三角形，填充为绿色，如图 16-23 所示。使用【选择工具】，删除多余的蓝色线条。

（3）右击第 24 帧【插入空白关键帧】，选中第 24 帧。

（4）使用【椭圆工具】，笔触色为黄色，笔触高度为 50，笔触样式为"斑马线"，填充色为红色，按住<Shift>键，拖动鼠标画一个正圆，如图 16-24 所示。

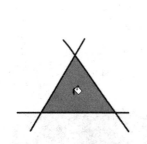

图 16-23　绘制绿三角

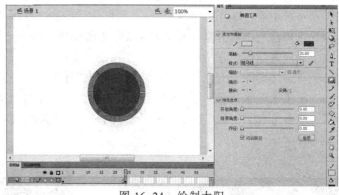

图 16-24　绘制太阳

（5）在 1~23 帧中的任意一帧右击，选择【创建补间形状】命令。这时，时间轴的第 1~24帧之间添加了一个长箭头，并以淡绿色底纹填充，如图 16-25 所示。

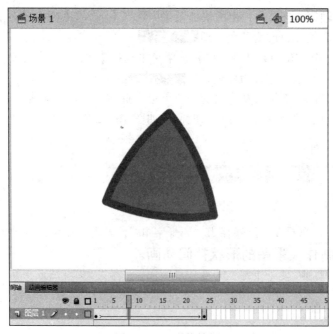

图 16-25　形状补间

（6）测试影片，观看效果。另存为"矢量图形状补间.fla"，导出影片为"矢量图形状补间.swf"。

【任务 6】 制作"两只蝴蝶"传统动作补间动画。

利用所给的素材"两只蝴蝶.fla"，制作一个 3s 的动作补间动画，两只蝴蝶同时飞到舞台中央，停留片刻再飞走，如样张所示。另存为"两只蝴蝶.fla"，导出影片为"两只蝴蝶.swf"。

▶▶ 操作步骤与提示 ◀◀

（1）双击打开素材文件"两只蝴蝶.fla"，将"花丛"图片从库中拖入舞台，设置舞台大小与图片相同，单击【显示帧】。

（2）右击图片，从弹出的快捷菜单中选择【转换为元件】命令，转换为元件 1。选中舞台上的图片，在【属性】面板的色彩效果的【样式】下拉列表中选择【Alpha】，设为"80%"，如图 ![Alpha: ████ 80 %]。右击时间轴第 36 帧，从弹出的快捷菜单中选择【插入帧】命令。进行加锁。

（3）单击时间轴左下角的【新建图层】按钮，新建一个"图层 2"，将"蝴蝶"影片剪辑元件从库中拖入舞台的右下角，右击第 12 帧，选择【插入关键帧】命令，将"蝴蝶"拖到舞台中央。

（4）右击第 24 帧，选择【插入关键帧】命令。右击第 36 帧，选择【插入关键帧】命令，将"蝴蝶"拖到舞台左上角。

（5）分别选中"图层 2"第 1 帧、第 24 帧右击，选择【创建传统补间】命令。加锁，如图 16-26 所示。

第 36 帧

第 12、24 帧

第 1 帧

图 16-26　第一只蝴蝶

（6）新建一个"图层 3"，将"蝴蝶"元件从库中拖入舞台的左下角，重复上述步骤（3）~（5），改变第 12 帧、第 36 帧中蝴蝶的位置。

（7）分别右击选中的"图层 3"第 1 帧、第 24 帧，从弹出的快捷菜单中选择【创建传统补间】命令，如图 16-27 所示。

（8）测试影片，观看效果。保存为"两只蝴蝶.fla"，导出影片为"两只蝴蝶.swf"。

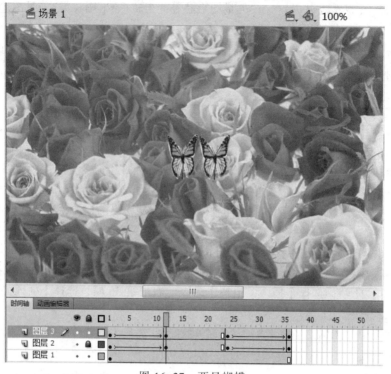

图 16-27　两只蝴蝶

【任务 7】　制作"自由落体的小球"动作补间动画。

利用所给的素材"自由落体的小球.fla",如样张所示,制作一个小球从上到下自由落体运动,落地后弹起,反复 3 次,最后停在桌面上的动画。

▶▶ **操作步骤与提示** ◀◀

(1)双击打开素材文件"自由落体的小球.fla",设置舞台大小为 400×400 像素。

(2)将"图层 1"命名为"背景",将"背景"图片从库中拖入舞台,居中对齐。右击第 75 帧,从弹出的快捷菜单中选择【插入帧】命令,加锁。

(3)新建图层 2,命名为"小球"。将小球从库中拖入舞台上方。右击第 15、30、45、60、75 帧,从弹出的快捷菜单中选择【插入关键帧】命令。其中,第 30 帧小球位置比第 1 帧低,第 60 帧小球位置比第 30 帧低。第 15、45、75 帧小球在桌面上的同一位置。拖动小球时注意按<Shift>键,确保几个关键帧中的小球在同一垂线上。

(4)分别右击时间轴第 1、30、60 帧,从弹出的快捷菜单中选择【创建传统补间】命令,在属性面板中将【缓动】值设为"-100"。使小球下落越来越快。【旋转】设为"顺时针""1次",如图 16-28 所示。

(5)分别右击时间轴第 15、45 帧,从弹出的快捷菜单中选择【创建补间动画】命令,在【属性】面板中将【缓动】值设为"100"。使小球上升越来越慢。【旋转】设为"顺时针""1次"。

图 16-28　小球下落设置

(6)测试影片,观看效果。保存为"自由落体的小球.fla",导出影片为"自由落体的小球.swf"。

时间轴与效果如图 16-29 所示。

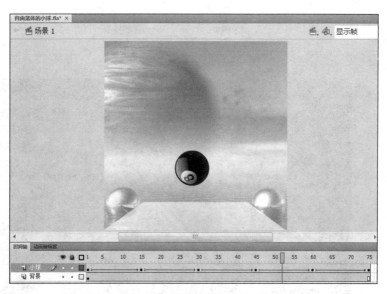

图 16-29 自由落体的小球

四、课后训练及思考

（1）利用素材"娃娃眨眼睛.fla"，制作会眨眼睛的卡通娃娃动画。保存为"娃娃眨眼睛.fla"，导出为"娃娃眨眼睛.swf"，时间轴如图 16-30 所示。娃娃睁眼、闭眼效果如图 16-31 所示。

图 16-30 "娃娃眨眼睛"时间轴

图 16-31 娃娃睁眼和闭眼

（2）制作一个 3s 的动画，帧频为 10，背景色为黑色，画面中"欲穷千里目"逐渐变成"更上一层楼"，文字都是"华文新魏"，大小为"80"，文字的笔触颜色为"白色"，4 像素，填充色为彩虹色,保存为"文字分离形状补间.fla",导出为"文字分离形状补间.swf"。效果如图16-32所示。

提示:须先将文字分离2~3次,转换成矢量图,再设形状补间。

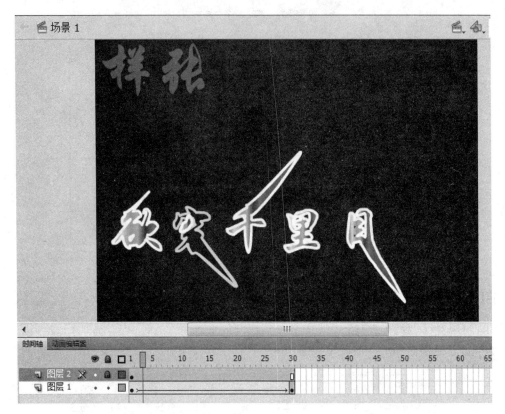

图16-32   文字分离形状补间

(3)参照样张,制作"弹性碰撞"动画。(小球顺时针滚动3周),时间轴与库如图16-33所示。

(4)利用素材图片"image4.jpg",自己绘制太阳,制作太阳升起,天色变亮,太阳落下,天色变暗的动画。保存为"日升日落.fla",导出为"日升日落.swf"。

(5)制作一幅诗意水墨卷轴展开的动画。保存为"展开水墨卷轴.fla",导出为"展开水墨卷轴.swf"。时间轴如图16-34所示。

(6)打开"夜幕下的小天使.fla"文件,按下列要求制作动画,动画总长为40帧。效果参见样张,保存为"夜幕下的小天使.fla",导出为"夜幕下的小天使.swf"。

① 将"sky"元件放置在"图层1",适当调整大小,显示至40帧。

② 将"天使"元件放置在"图层2",分别在第1、20、40帧设置关键帧,制作元件从小变大、再从大变小如样张所示的动画效果。

③ 将"文字2"元件放置在"图层3",让其从第20帧开始出现,显示至第40帧,设置从无到有、从上到下的动画效果。

(7)打开"知人者智.fla"文件,参照样张制作动画(除"样张"字符外,保存为"知人者智.fla",导出为"知人者智.swf")。注意:添加并选择合适的图层,动画总长为60帧。

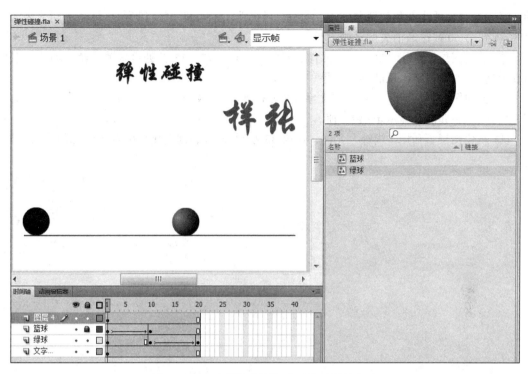

图 16-33　"弹性碰撞"动画的时间轴与库

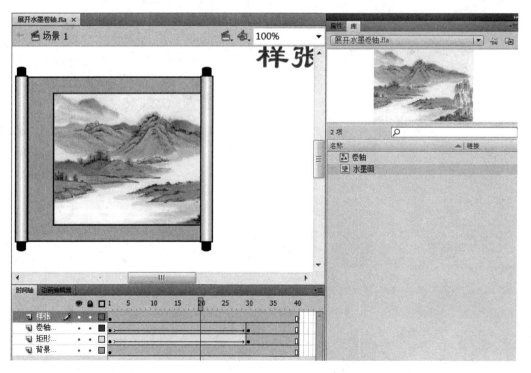

图 16-34　"展开水墨卷轴"样张

① 设置影片大小为 550×400px，帧频为 10 帧/秒，背景色为 "#00CC00"。将 "光线" 元

件放置到舞台，适当调整位置与方向，创建"光线"元件从第 1 帧到第 35 帧从上到下运动，第 36 帧到第 60 帧逐渐消失的动画效果。

② 新建图层，利用"文字 1"元件，在第 5、15、25、35 帧处设置关键帧，创建文字从第 5 帧到第 35 帧逐字出现的动画效果。

③ 创建第 36 帧到第 55 帧把"文字 1"元件变为 "文字 2"元件的动画效果，且"文字 2"变为红色，并静止显示至第 60 帧。

④ 新建图层，利用"蝴蝶"元件，从第 35 帧到 60 帧，创建蝴蝶朝着光线飞的动画效果。

实训 17
利用 Flash 制作复杂的动画

一、实训目的

（1）掌握影片剪辑元件的制作方法；
（2）会简单的引导线动画的制作方法；
（3）知道简单的遮罩动画的制作方法。

二、实训环境

（1）中文版 Windows 7 操作系统；
（2）中文版 Adobe Flash CS4 软件。

三、实训任务与操作方法

【任务 1】 制作"雪地上的笨小鸭"。

利用素材文件"雪地上的笨小鸭.fla"，使用影片剪辑、动作补间动画技术制作动画，保存为"雪地上的笨小鸭.fla"，导出为"雪地上的笨小鸭.swf"。

▶▶ 操作步骤与提示 ◀◀

（1）在素材文件夹中找到"雪地上的笨小鸭.fla"，双击打开。将舞台大小调节为"显示帧"。帧频设为"6"，选择【窗口】|【工具栏】|【主工具栏】命令，打开主工具栏。

（2）选择【插入】|【新建元件】命令，名称为"笨小鸭"，类型为"影片剪辑"，如图 17-1所示。

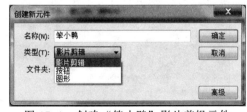

图 17-1　创建"笨小鸭"影片剪辑元件

（3）选择【文件】|【导入】|【导入到舞台】命令，在打开的【导入】对话框中选择"雪地上的笨小鸭"文件夹中的"image0001.png"，然后单击【打开】按钮。在随后打开的对话框中单击【是】按钮，导入序列文件，如图 17-2所示。最后加锁。

（4）选择【文件】|【导入】|【导入到库】命令，选择声音素材文件"小鸭音效.wav"。

（5）新建"图层 2"，右击第 7 帧，从弹出的快捷菜单中选择【插入空白关键帧】命令，将"小鸭音效.wav"拖动到舞台上，在【属性】面板的声音同步方式中选择"数据流"，如图 17-3所示。

图 17-2　导入序列文件

图 17-3　插入声音

（6）返回场景1。将"bj.jpg"从库中拖动到舞台上。将文档大小设置为跟内容相匹配，即1024×768 像素，右键单击时间轴第30帧，从弹出的快捷菜单中选择【插入帧】命令，对图层1加锁，如图 17-4 所示。

（7）单击时间轴上的插入新图层按钮，添加"图层 2"。选中第1帧，将库中的"笨小鸭"影片剪辑元件拖到舞台左侧，右击第30帧，选择【插入关键帧】命令，将 "笨小鸭"拖到舞台右侧。在1~29帧中间右击，从弹出的快捷菜单中选择【创建传统补间】命令，如图 17-5 所示。

图 17-4　设置背景层

图 17-5　影片剪辑元件做动作补间

（8）测试影片、另存为"雪地上的笨小鸭.fla"，导出为"雪地上的笨小鸭.swf"。

【任务 2】 制作"纸飞机"动画。

▶▶ 操作步骤与提示 ◀◀

（1）双击打开素材文件"纸飞机.fla"。舞台大小设为"显示帧"。

（2）将"p1.jpg"从库中拖动到舞台上，由于图片稍大，在【对齐】面板中单击【相对于舞台】按钮，然后选择匹配大小中的匹配宽和高 ▦ ，使得图片大小与舞台相同，再选择对齐中的 ▙ 和 ▨ 。

（3）右击时间轴第 30 帧，从弹出的快捷菜单中选择【插入帧】命令，然后加锁。

（4）新建"图层 2"，在第 1 帧将"纸飞机"元件从库中拖到舞台左侧，右击第 30 帧，选择【插入关键帧】命令，将"纸飞机"拖动到舞台右侧。选中第 1 帧，"创建传统补间"动画。如图 17-6 和图 17-7 所示。

图 17-6 第 1 帧纸飞机的位置

图 17-7 第 30 帧纸飞机的位置

（5）右击图层 2，选择【添加传统运动引导层】命令，添加引导层，"图层 2"自动变为被引导层。利用【铅笔工具】的"平滑"选项，画一条平滑的连贯曲线。然后加锁。

（6）单击时间轴"图层 2"第 1 帧，在舞台上拖动"纸飞机"上的注册点（小圆圈），使之穿到引导线上。

（7）单击时间轴"图层 2"第 30 帧，在舞台上拖动"纸飞机"上的注册点，使之也穿到引导线上，如图 17-8 所示。

（8）单击时间轴"图层 2"第 30 帧，纸飞机被蓝边框线选中，选择【修改】|【变形】|【缩放和旋转】命令，将飞机缩放"50%"，如图 17-9 所示。

（9）单击时间轴上的补间箭头，在【属性】面板中勾选【调整到路径】复选框。

（10）单击工具栏中的【任意变形工具】按钮，单击时间轴"图层 2"第 1 帧，旋转纸飞机的头部，使其向着引导线的方向。单击第 30 帧，同样旋转纸飞机的头部，属性面板的样式，设置 Alpha 值为 40%，如图 17-10 所示。

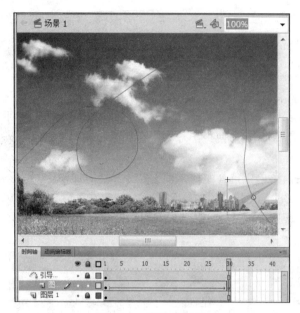

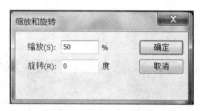

图 17-8　添加引导层　　　　　　图 17-9　将第 30 帧的纸飞机缩小 50%

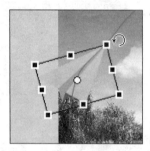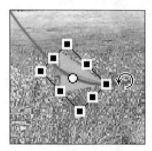

图 17-10　调节纸飞机的飞行方向（第 1 帧、第 30 帧）

（11）同时选中 3 个图层的第 40 帧，右击【插入帧】。使纸飞机在地上停留一段时间。

（12）测试影片，保存文件为"纸飞机.fla"，导出影片为"纸飞机.swf"。

【任务 3】　制作滚动字幕动画。

一段优美的诗文在舞台上自右向左缓缓滚动。保存为"滚动字幕.fla"，导出为"滚动字幕.swf"。

▶▶ 操作步骤与提示 ◀◀

（1）双击打开素材文件"滚动字幕.fla"。舞台大小缩放比例设为"显示帧"，帧频为 8，显示主工具栏。

（2）将"p1.jpg"从库中拖动到舞台上，由于图片稍大，在【对齐】面板中单击【相对于舞台】按钮，然后选择匹配大小中的匹配宽和高，再选择对齐中的 品 和 🔤 。

（3）右击时间轴第 30 帧，从弹出的快捷菜单中选择【插入帧】命令。然后加锁。

（4）新建"图层 2"将文本元件从库中拖动到舞台的右侧，右击第 30 帧，选择【插入关键帧】命令，将文本拖动到舞台的左侧。右击第 1 帧，从弹出的快捷菜单中选择【创建传统补间】命令。

（5）按<Enter>键播放，可以看到文字自右向左缓缓移动，如图 17-11 所示。然后加锁。

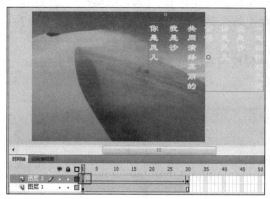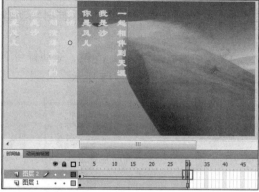

图 17-11　文本自右向左移动（第 1 帧、第 30 帧）

（6）新建"图层 3"，在舞台中间，画一个矩形。高度要刚好盖住文本。宽度要比文本宽度稍窄。播放时可以看到，只能看到矩形内的部分文字在移动。如图 17-12 所示。

（7）鼠标指向时间轴上的文字"图层 3"，右键单击该图层，从弹出的快捷菜单中选择【遮罩层】命令，则"图层 3"成为遮罩层，"图层 2"自动成为被遮罩层。同时这两个图层自动加锁，如图 17-13 所示。

（8）测试影片，观看效果。保存为"滚动字幕.fla"，导出影片为"滚动字幕.swf"。

【**任务 4**】　制作蝴蝶飞翔动画。

使用路径动画技术，制作一只蝴蝶任意飞翔的动画。

▶▶ 操作步骤与提示 ◀◀

（1）双击打开素材文件"蝴蝶飞翔.fla"。舞台大小缩放比例设为"显示帧"，帧频为 8，显示主工具栏。

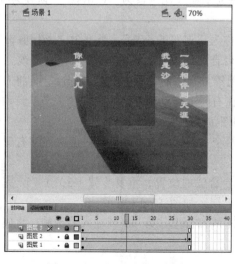

图 17-12　矩形遮住了文本　　　　　　　图 17-13　指定遮罩层

（2）将蝴蝶元件从库中拖到舞台的左侧，右键单击第 30 帧，选择【插入帧】命令。

（3）右击第 1 帧，选择【创建补间动画】。移动播放指针到第 30 帧，拖动舞台上的蝴蝶到右上角，第 30 帧自动变成关键帧，同时自动出现一条运动轨迹。调整为一条弧线，如图 17-14 所示。

（4）移动播放指针到第 15 帧，拖动舞台上的蝴蝶到右上角，第 15 帧自动变成关键帧，自由调整运动轨迹，如图 17-15 所示。

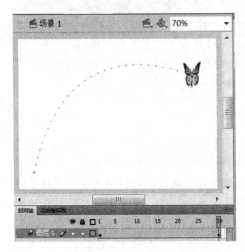

图 17-14　路径动画　　　　　　　　　　图 17-15　自由调整路径

（5）测试影片，观看效果。保存为"蝴蝶飞翔.fla"，导出影片为"蝴蝶飞翔.swf"。

【任务 5】　制作小熊走路动画。

使用骨骼动画技术，制作小熊走路的动画。

▶▶ **操作步骤与提示** ◀◀

（1）双击打开素材文件"小熊走路.fla"。舞台大小缩放比例设为"显示帧"，帧频为 8，显示主工具栏。

（2）选择【插入】|【新建元件】命令，名称为"走路的小熊"，类型为"影片剪辑"。

（3）从库中将图形元件"头身体"拖动到舞台合适的位置，第 20 帧插入帧，加锁。

（4）新建图层 2，将图形元件"右腿"拖动到舞台合适的位置。右键，【分离】，将右腿分离成矢量图。单击工具栏中的"骨骼"工具 ，在右腿上拖动鼠标，画出两个关节。自动增加了一个骨架_1 图层，原来的图层 2 变成空层，如图 17-16 所示。

（5）选中第 10 帧，用选择工具移动右腿的两个关节，选中第 20 帧，再次移动右腿，如图 17-17 所示。产生走路的动画效果。

（6）新建图层 3，从库中拖动"左腿"到舞台合适的位置，重复步骤（3）、（4）。完成左腿走路的动画效果。将图层"骨架_1"移动到最上层，如图 17-18 所示。

（7）回到场景 1，将"走路的小熊"拖动到左侧舞台上，第 30 帧插入关键帧，之间创建传统补间动画。

注：左右手的动画，同理进行制作。

（8）测试影片，观看效果。保存为"小熊走路.fla"，导出影片为"小熊走路.swf"。

图 17-16　骨架图层及关节

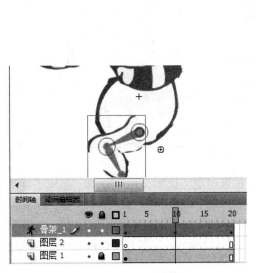

图 17-17　右腿动作

图 17-18　左右腿效果

四、课后训练及思考

（1）利用素材文件"图片的展开效果.fla"，参照样张，制作动画。动画总长 20 帧。

（2）利用素材文件"旋转的地球.fla"，参照样张，利用遮罩技术，制作动画，动画总长 30 帧。

（3）利用上一题所制作的动画，参照样张，利用引导层动画技术，继续制作月亮绕着地球转的"地月系统"，如图 17-19 所示。

（4）打开素材\鸟语花香.fla 文件，按以下要求制作动画（除"样张"文字外），制作结果以鸟语花香.swf 为文件名导出影片并保存。注意：添加并选择合适的图层，动画总长为 60 帧。

操作提示：

① 将"背景"元件放置到舞台中央，设置影片大小与"背景"图片大小相同，帧频为 10帧/秒，并静止显示至 60 帧。

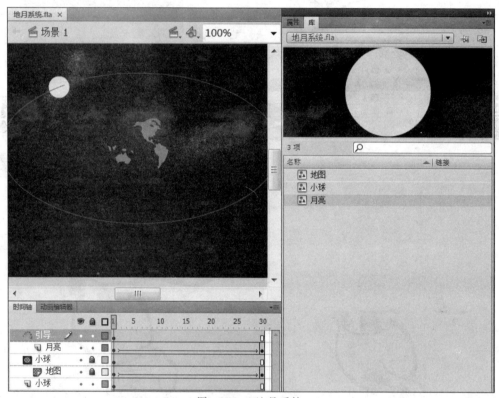

图 17-19　地月系统

② 新建图层，将"小鸟动画"影片剪辑放置在该图层，调整大小和方向，创建小鸟从第 1 帧到第 40 帧从右上到左下的动画效果，并显示至 60 帧。

③ 新建图层，将"文字 1"元件放置在该图层，从第 1 帧静止显示至第 20 帧。然后创建从第 20 帧至第 50 帧将"文字 1"变形为"文字 2"，且"文字 2"颜色变为#FF9900 的动画效果，并静止显示至 60 帧。

④ 新建图层，利用"叶子 1"元件，适当调整方向，创建从第 1 帧到第 30 帧叶子从右往左，从第 30 帧到第 60 帧叶子从左往右摇曳的动画效果。

（5）打开"城市让生活更美好.fla"文件，按下列要求制作动画，动画总长为 60 帧。效果参见样张，保存为"城市让生活更美好.fla"，导出影片为"城市让生活更美好.swf"。

① 设置影片大小为"600×300px"，将"24.jpg"放在图层 1，延长到第 60 帧。

② 在"图层 2"上制作一个七彩光环，淡入、逐渐变大、顺时针转 3 圈至第 30 帧，第 32 帧淡出；将"22.gif"放置在图层 3，改变"海宝"的大小和位置，从第 1 帧至第 34 帧由左向中心飞，在飞的过程中顺时针转 3 圈，从第 35 帧到第 45 帧"25.gif"由小到大，第 45 帧到第 55 帧"25.gif"由大到小，延长到第 60 帧。

③ 将"26.gif"放置在图层 4，从第 1 帧到第 60 帧，按样张逐渐显示。

实训 18
网站的建立与管理

一、实训目的

（1）掌握建立本地站点的方法；
（2）掌握在站点下新建文件夹的方法；
（3）掌握在站点下新建首页文件的方法；
（4）掌握页面属性的设置；
（5）掌握网页的保存与预览。

二、实训环境

（1）中文版 Windows 7 操作系统；
（2）中文版 Adobe Dreamweaver CS4 软件。

三、实训任务与操作方法

【任务 1】 创建一个网站。

▶▶ 操作步骤与提示 ◀◀

1. 建立站点

（1）启动 Dreamweaver CS4，选择【站点】|【新建站点】命令，弹出站点定义的对话框。

（2）在【您打算为您的站点起什么名字？】下方的文本框中输入站点的名称："圣诞节"，如图 18-1 所示。

图 18-1 站点定义：输入站点名称

（3）单击【下一步】按钮，选择【否，我不想使用服务器技术】单选按钮，如图 18-2 所示，然后单击【下一步】按钮。

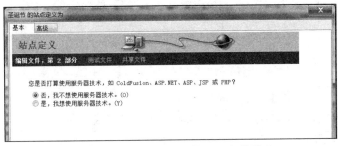

图 18-2 站点定义：不使用服务器技术

（4）在【您将把文件存储在计算机上的什么位置？】下方的文本框中，删除 "C:\" 以后的文字，改为 "wz18"，如图 18-3 所示，然后单击【下一步】按钮。

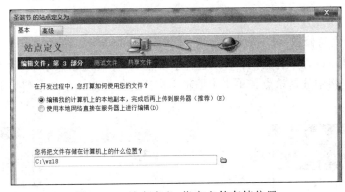

图 18-3 站点定义-指定文件存储位置

（5）打开【您如何连接到远程服务器？】中的下拉菜单，选择【无】，如图 18-4 所示，然后单击【下一步】按钮。

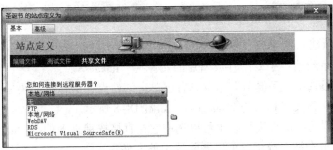

图 18-4 站点定义：不连接到远程服务器

（6）最后进入【总结】界面，总结站点所有的设置包括【本地信息】、【远程信息】和【测试服务器信息】，如图 18-5 所示。确认无误后，单击【完成】按钮。

（7）在【文件】面板下的【文件】选项卡中，相应出现了相关信息，如图 18-6 所示。

（8）同时，在 C 盘也自动新建了一个名为 "wz18" 的文件夹。

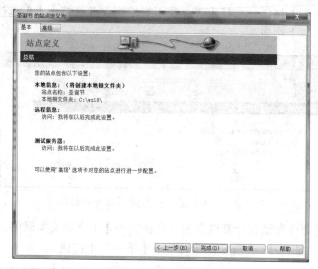

图 18-5　站点定义-总结

2. 站点的删除与修改

如果在上述操作过程中有失误，可以选择【站点】|【管理站点】命令，弹出【管理站点】对话框。从左侧窗格中选择站点，单击【编辑】按钮进行修改，单击【删除】按钮删除站点，如图 18-7 所示。

图 18-6　【文件】面板出现相关信息

图 18-7　管理站点

3. 在站点下新建、删除文件夹

（1）在该站点下新建一个专门存放图片的文件夹"images"。

在【文件】面板选中"圣诞节"站点，右键单击该站点，从弹出的快捷菜单中选择【新建文件夹】命令，将文件夹名称改为"images"，如图 18-8 所示。

（2）如果不想要这个文件夹了，也可以选中它，直接按键盘上的<Delete>键，弹出图 18-9 所示的对话框，单击【是】按钮，可以删除选中的文件夹。

图 18-8　新建文件夹

图 18-9　确认删除

【任务 2】 完善网站。

▶▶ 操作步骤与提示 ◀◀

将桌面上"实训 18 素材"文件夹中的资料，复制到站点文件夹中。

在【文件】面板单击"圣诞节"文件夹，在下拉列表中选择"桌面"，如图 18-10 所示。

单击"桌面项目"前的加号，再单击"实训 18 素材"文件夹前的加号，展开该文件夹。按<Shift>键全选，右击并选择【编辑】|【拷贝】命令，如图 18-11 所示。

图 18-10 选择桌面

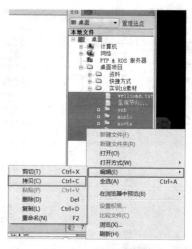

图 18-11 复制素材

在【文件】面板单击"桌面"下拉列表，选择"圣诞节"网站。空白处右击并选择【编辑】|【粘贴】。在弹出来的对话中单击【是】按钮，如图 18-12 所示。结果如图 18-13 所示。

图 18-12 覆盖同名文件夹

图 18-13 完善的网站

【任务 3】 新建、设置首页文件。

▶▶ 操作步骤与提示 ◀◀

1. 在站点下新建首页

（1）方法一：右击"圣诞节"站点，在弹出的快捷菜单中选择【新建文件】命令，更改文件名为"index.html",如图 18-14 所示,这个文件就是网站的首页文件。

图 18-14　建立首页文件

(2)方法二:选择【文件】|【新建】命令,弹出【新建文档】对话框,如图 18-15 所示。直接单击【创建】按钮,将会生成一个名为"untitled-1.htm"的网页文件。选择【文件】|【另存为】命令,将它保存到 C 盘下的"wz18"文件夹中,取名为"index.html",同样可以达到创建首页文件的目的。

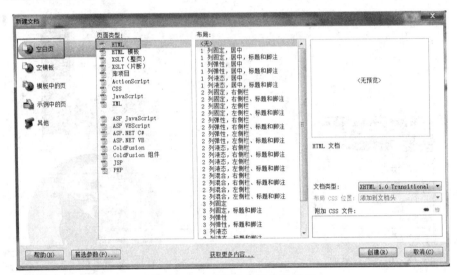

图 18-15　【新建文档】对话框

2．设置网页标题

(1)从右侧【文件】面板中,双击打开 index.html。

(2)网页标题为:圣诞节,如图 18-16 所示。

图 18-16　设置网页标题

3．设置首页文件的页面属性

(1)页面上文本大小为 14 像素,文本颜色为黑色,背景颜色#A82F01、背景图像 bj.gif、横向重复。上下边距都为 0。

(2)链接颜色为蓝色,已访问的链接颜色为灰色,活动链接的颜色为红色。

选择【修改】|【页面属性】命令,或者直接单击【属性】面板上的【页面属性】按钮 页面属性，在弹出的【页面属性】对话框中进行设置,如图 18-17 所示。

4．保存并预览网页

选择【文件】|【保存】命令。按<F12>键预览或者单击【在浏览器中预览/调试】按钮，在下拉列表框里选择"预览在 IExplore",如图 18-18 所示。如果没有保存,会弹出对话框,问是否保存,单击【是】按钮,如图 18-19 所示,打开 IE 浏览器。效果如图 18-20 所示。

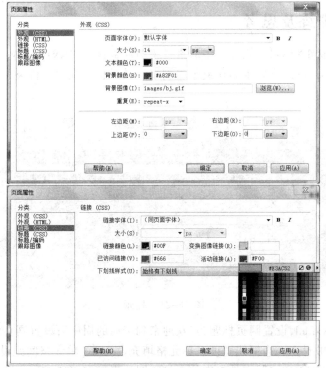

图 18-17　【页面属性】对话框

图 18-18　预览网页

图 18-19　保存网页

图 18-20　网页效果

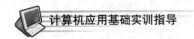

四、课后训练及思考

（1）利用"素材\LX18-1"文件夹中的素材（图片素材在"LX18\images"中，动画素材在"LX18-1\flash"中），按以下要求制作或编辑网页，结果保存在原文件夹中。样张如图 18-21 所示。

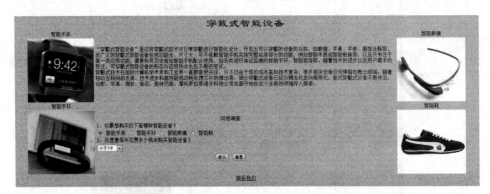

图 18-21 样张

打开主页 index.html，设置网页标题为"欢迎来到美丽的周庄"；设置网页背景图片为 bg.jpg；设置表格属性：居中对齐、边框线宽度、单元格填充设为 0、单元格间距设置为 10。

（2）利用"素材\LX18-1"文件夹中的素材（图片素材在"LX18\images"中，动画素材在"LX18-1\flash"中），按以下要求制作或编辑网页，结果保存在原文件夹中。样张如图 18-21 所示。

打开 index.html，设置网页标题为"印度旅游注意事项"。网页背景颜色设置为"#FFFFCC"。设置表格宽度为页面的 90%，并居中对齐。设置表格第 2 行第 1 列宽度为 250 像素，第 2 列单元格宽度为 450 像素。

实训 19
网页的布局

一、实训目的

1. 掌握利用表格布局页面
（1）掌握表格的创建；
（2）掌握表格属性的设置；
（3）掌握图片、Flash 动画等多媒体的添加；
（4）掌握 CSS 样式的创建；
（5）掌握文本格式的设置；
（6）掌握特殊符号的插入；
（7）掌握各种超链接的设置。
2. 熟悉利用框架布局页面
（1）学会框架的创建；
（2）学会框架的保存；
（3）学会框架的编辑；
（4）学会设置框架的超链接。

二、实训环境

（1）中文版 Windows 7 操作系统；
（2）中文版 Adobe Dreamweaver CS4。

三、实训任务与操作方法

【任务 1】 快速新建站点。

▶▶ 操作步骤与提示 ◀◀

（1）将素材文件夹"wz19"复制到 C 盘。启动 Dreamweaver CS4。
（2）新建站点。

选择【站点】|【新建站点】命令，在打开的对话框中选中【高级】选项卡，设置【站点名称】为"圣诞节网站"，【本地根文件夹】指定为"C:\wz19"，然后单击【确定】按钮，如图 19-1 所示。

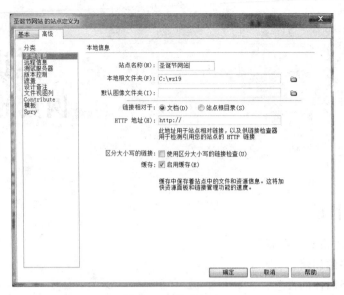

图 19-1　定义站点

（3）从右侧【文件】面板中双击打开首页文件"index.html"。

【任务 2】　使用表格布局页面。

▶▶ 操作步骤与提示 ◀◀

1. 创建表格

（1）插入一个 12 行 3 列的表格，宽度为 974 像素。表格边框、单元格填充、单元格边距都为 0，居中。

选择【插入】|【表格】命令，或者单击【常用】工具栏中的表格按钮 ▦ ，在弹出的图 19-2 所示的对话框中进行设置，然后单击【确定】按钮。

在属性面板中设置【对齐】方式选择"居中对齐"，如图 19-3 所示。

图 19-2　插入表格

图 19-3　设置表格居中对齐

（2）单元格水平、垂直都居中对齐，设置单元格背景色为白色。

拖动鼠标选中所有单元格，在下方的【属性】面板中进行设置，如图 19-4 所示。

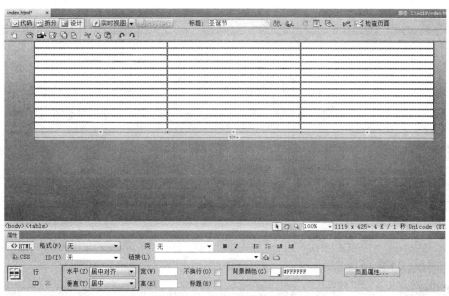

图 19-4 设置单元格属性

（3）分别合并第 1、2、3、4、5、6、7、10 行的单元格。

选中第 1 行的三个单元格，右键单击【表格】，从弹出的快捷菜单中选择【合并单元格】命令。或者单击【属性】面板上的【合并单元格】按钮 回。合并后如图 19-5 所示。

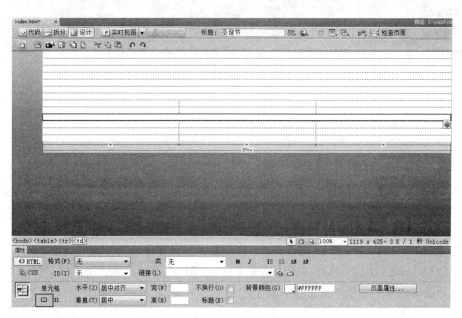

图 19-5 合并单元格

2．插入图片

（1）将【文件】面板"images"文件夹中的"Merry_banner1.gif"文件，拖动到第 1 行第 1 列的单元格中，在随后弹出的【图像标签辅助功能属性】对话框中单击【确定】按钮，如图 19-6 所示。

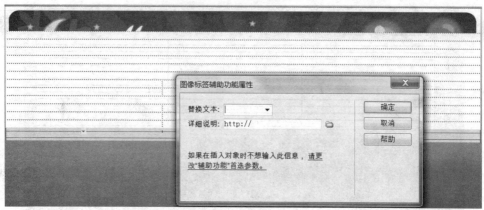

图 19-6　插入图片

（2）第 2～4 行分别插入图片"Merry_banner2.gif""Merry_banner3.gif""Merry_banner4.gif"，操作步骤同上，如图 19-7 所示。

图 19-7　插入图片效果

3. 插入 Flash 动画

第 8 行第 1 列，插入 flash 动画 f4.swf。设置大小为宽 300 像素，高 330 像素。背景透明。再将该动画复制到第 8 行第 3 列。

（1）将光标定位到第 8 行第 1 列的单元格中，选择【插入】|【媒体】|【Flash】命令，或者单击【常用】工具栏上的【插入 flash】按钮，或者直接拖动右侧【文件】面板"flash"文件夹中的"dh.swf"文件，然后单击【确定】按钮，如图 19-8 所示。并在随后弹出的【图像标签辅助功能属性】对话框中单击【取消】按钮。

（2）选中编辑窗口中的 flash 动画，在【属性】面板上设置宽度为"300 像素"，高度为"330 像素"，Wmode 设置为"透明"，如图 19-9 所示。

（3）单击【属性】面板中的【播放】按钮，动画效果如图 19-10 所示。单击【停止】按钮，停止播放。将该动画复制到第 8 行第 3 列。

图 19-8　插入 Flash 动画

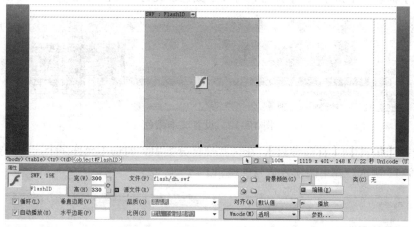

图 19-9　设置 Flash 动画的大小

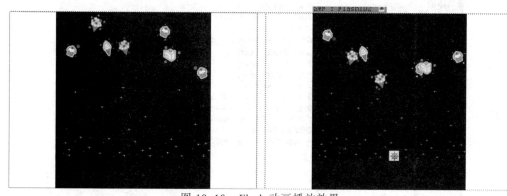

图 19-10　Flash 动画播放效果

4．输入文本并设置超链接

设置第 6 行单元格行高为 30，背景色为"#99CCFF"。输入文字"首页|圣诞老人|圣诞习俗|圣诞装饰|音乐欣赏|影片欣赏"，将文字颜色设置为"白色"。中间输入适当的空格。分别链接到 web 文件夹中相应的网页 shengdanlaoren.html、shengdanzhuangshi.html、shengdanxisu.html、

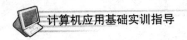

music.html、movie.html，在新窗口中打开。

（1）在第 6 行单元格中单击，在下方【属性】面板中设置单元格行高为 30，背景色为"#99CCFF"，如图 19-11 所示。

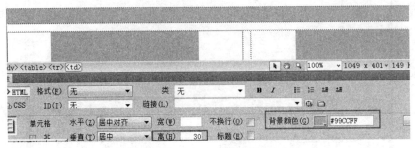

图 19-11 超链接

（2）输入文字"首页|圣诞老人|圣诞习俗|圣诞装饰|音乐欣赏|影片欣赏"，选中该文本，在下方【属性】面板中单击【CSS】按钮，将文本颜色设置为"红色"，如图 19-12 所示。

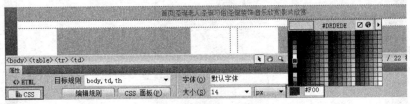

图 19-12 设置文本颜色

（3）选择【编辑】|【首选参数】，在"常规"分类中，勾选【允许多个连续的空格】复选框，如图 19-13 所示。在中间输入适当的空格。

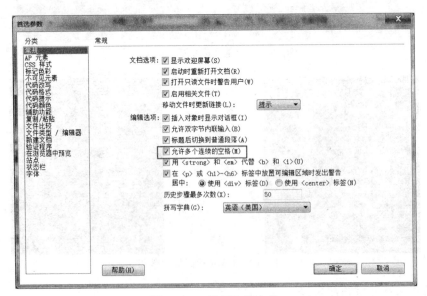

图 19-13 设置连续空格

（4）选中文字"首页"，在【属性】面板的【链接】右侧，按住【指向文件】按钮指向【文件】面板的"index.html"，【目标】下拉列表选择"_blank"，如图 19-14 所示。

将"圣诞老人"链接到"shengdanlaoren.html",将"圣诞习俗"链接到
"shengdanxisu.html",将"圣诞装饰"链接到"shengdanzhuangshi.html",将
"音乐欣赏"链接到"music.html",将"影片欣赏"链接到"movie.html",
都在新窗口中打开。效果如图 19-15 所示。

链接 `index.htm`
目标 `blank`

图 19-14 设置文
本超链接

首页 │ 圣诞老人 │ 圣诞习俗 │ 圣诞装饰 │ 音乐欣赏 │ 影片欣赏

图 19-15 导航栏

（5）插入命名锚记。光标定位在首行,选择【插入】|【命名锚记】命令,锚记名称为"ys",
如图 19-16 所示。或单击【常用】工具栏的锚记按钮 ，将光标定位在最后一行,输入文字"返
回页首",选中文字,在【属性】面板的【链接】文本框中输入"#ys",如图 19-17 所示。保
存网页。

图 19-16 锚记名称　　　　　　　　图 19-17 锚记链接

（6）图片热点链接。选中图 Merry_banner4.gif,设置 3 个热点,分别链接到相应的网页
shengdanlaoren.htm、shengdanzhuangshi.htm、shengdanxisu.htm,都在新窗口中打开。单击【属
性】面板的【地图】中的【矩形热点工具】按钮 ，框选图片上的圣诞老人,在【属性】面
板的链接中选择"shengdanlaoren.html"文件,如图 19-18 所示。其余两个热点同理。保存网
页并预览。

图 19-18 图片热点链接

157

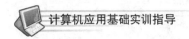

5．插入水平线

（1）在第 7 行插入一条插入水平线：宽 80%，高 5 像素，带阴影。红色。

将光标定位在第 47 行，选择【插入】|【HTML】|【水平线】命令。选中水平线，在【属性】面板上设置【宽】为 80%，【高】为"5"。右击水平线，选择【编辑标签】命令，在弹出的【标签编辑器】对话框的左侧窗格中选择【浏览器特定的】，在右侧窗格中【颜色】处选择红色，如图 19-19 所示。

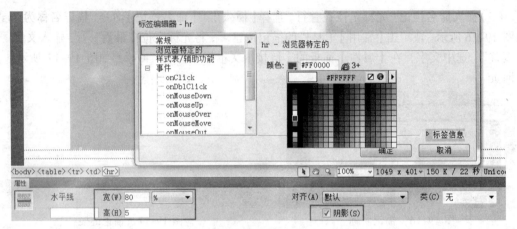

图 19-19　水平线属性

注意：水平线的颜色改变要在浏览器中才能看得到，可以按<F12>浏览查看。

（2）在第 10 行插入一条水平线。保存并浏览。效果如图 19-20 所示。

图 19-20　浏览网页

6．插入文本并设置文本格式

第 8 行第 2 列，设置列宽为 374 像素。插入文本"圣诞节介绍.txt"，利用 CSS 样式分别设置标题、正文的字体、字号、字色、行距 20。

（1）光标定位在第 8 行第 2 列，下方【属性】面板，单元格列宽输入 374。

（2）双击右侧【文件】面板中的文件"圣诞节介绍.txt"，全选并进行复制然后粘贴到第 8 行第 2 列。或者直接拖动到单元格中。

（3）选择【格式】|【CSS 样式】|【新建】命令，类的名称为"wbgs"。新建规则，进行设置，如图 19-21 和图 19-22 所示。

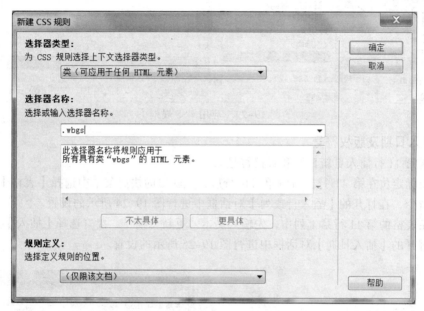

图 19-21　新建 CSS 规则

图 19-22　WBGS 的 CSS 规则定义

（4）选中文本，在【属性】面板中，【CSS】按钮，目标规则中选择"wbgs"，效果如图 19-23 所示。

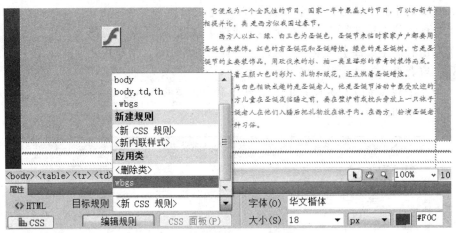

图 19-23　应用 CSS 规则

7．插入日期及版权符号

在表格第 11 行插入更新日期和版权符号。

（1）光标定位在第 11 行，右键单击该行后，从弹出的快捷菜单中选择【表格】|【插入行或列】命令，在打开的【插入行或列】对话框中进行图 19-24 所示的设置。

（2）在表格的第 11 行第 1 列中，先输入文本"更新日期："，接着选择【插入】|【日期】命令，在打开的【插入日期】对话框中进行图 19-25 所示的设置。

图 19-24　插入行

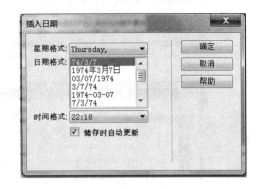

图 19-25　插入日期

（3）在第 11 行第 2 列中，输入文本"版权所有©班级学号姓名"。光标定位在"版权所有"后面，在【插入】工具栏中选择【文本】，打开【文本】工具栏，单击【字符】按钮右侧的小三角形按钮，在弹出的下拉菜单中选择【版权】，如图 19-26 所示。效果如图 19-27 所示。

（4）在第 11 行第 3 列中，输入"写信给我"，链接到邮箱"abc@126.com"。

选中文字"写信给我"，选择【插入】|【电子邮件链接】菜单命令，在【E-mail】文本框中输入"abc@126.com"，然后单击【确定】按钮。或者选中文字"写信给我"，直接在【属性】面板的【链接】文本框中输入"mailto: abc@126.com"，如图 19-28 所示。

8．插入滚动字幕

鼠标定位在第 5 行，在【属性】面板上，输入文字"欢迎光临我的网站！"，设置为滚动字幕，红色背景，左右交替滚动。

图 19-26 插入版权符号　　　　　　图 19-27　插入日期与版权符号

（1）选中文字，右键单击该文字从弹出的快捷菜单中选择【环绕标签】命令，选择 marquee，空格，选择"behavior"，选择"alternate"，再空格，选择"bgcolor"，输入"#ff0000"，如图 19-29 所示。

图 19-28　插入电子邮件链接　　　　图 19-29　MARQUEE 标签

切换到代码视图，可以看到代码如下：

```
<marquee behavior="alternate" bgcolor="ff0000">
欢迎光临我的网站！
</marquee>
```

（2）保存并预览网页效果。

9．鼠标经过交换图像

光标定位在第 9 行第 3 列，选择【插入】|【图像】|【鼠标经过图像】命令，设置如图 19-30 所示。

10．背景不随内容滚动

右侧面板，【CSS 样式】，【全部】，【body】，添加属性"background-attachment"，值为"fixed"。

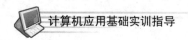

如图 19-31 所示进行设置。

（a）【插入鼠标经过图像】对话框

（b）原始图像

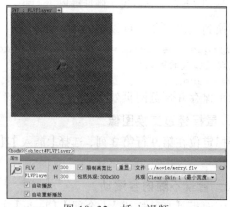

（c）鼠标经过图像

图 19-30　鼠标经过交换图像

11．插入代码并预览

在拆分视图中，定位在</body>前，插入代码 welcome.txt。保存并预览。

12．插入视频文件

双击"movie.html"，选择【插入】|【媒体】|【FLV】命令，选择 movie 文件夹中的"merry.flv"文件。设置插件大小为 300×300 像素，如图 19-32 所示。保存并预览网页。

图 19-31　背景固定　　　　　　　　　　图 19-32　插入视频

13．插入音频文件

双击"music.html"，选择【插入】|【媒体】|
【插件】命令，选择 music 文件夹中的
"xiangdingdang.mid"文件。适当调整插件的大小，如
图 19-33 所示。保存并预览网页。

图 19-33　插入音频

14．插入背景音乐

双击打开 index.html，单击拆分按钮 拆分，切换到拆分视图，在<body>下面插入一行，输
入如下代码：

```
<bgsound src="music/xiangdingdang.mid" loop="true" />
```

注意：其中 src 指定音乐文件的位置，loop=true 表示循环播放。保存文件后，按〈F12〉
浏览。选择"允许阻止的内容"。

【任务 3】　使用框架布局页面。

▶▶ 操作步骤与提示 ◀◀

1．新建一个"上方固定，左侧嵌套"的框架集

（1）选择【文件】|【新建】|【示例中的页】|【框架页】命令，选择"上方固定，左
侧嵌套"的框架集，单击【创建】按钮，如图 19-34 所示。

（2）在【框架标签辅助功能属性】对话框中保持默认设置，然后单击【确定】按钮，如
图 19-35 所示。

2．保存框架集

（1）选择【文件】|【框架集另存为】命令。默认的文件名是"UntitledFrameset-2.html"，
这就是框架集文件夹，将其命名为"frameset.html"，单击【保存】按钮。

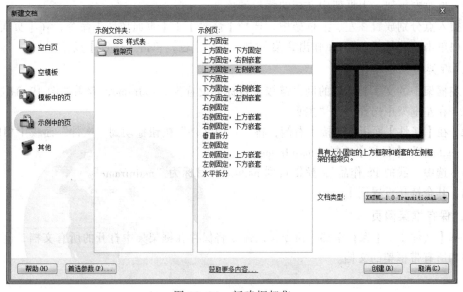

图 19-34　新建框架集

（2）单击右框架，选择【文件】|【框架另存为】命令，将其命名为"main.html"。

（3）单击左框架，选择【文件】|【框架另存为】命令，将其命名为 "left.html"。

（4）单击上框架，选择【文件】|【框架另存为】命令，将其命名为 "top.htm"。

3. 设置框架初始网页

（1）在右框架中打开 "index.html" 文件。将光标定位在右框架中，选择【文件】|【在框架中打开】命令，选择 "index.html"，单击【确定】按钮，该网页随即显示在右框架中。

（2）在上框架中打开 "t.htm" 文件。

（3）在左框架中输入文字 "主页" "我的 PS 作品" "我的 Flash 作品" "圣诞节网站"。

4. 编辑框架

（1）选择【窗口】|【框架】命令。显示 "框架" 面板，如图 19-36 所示。在框架面板中选中整个框架。

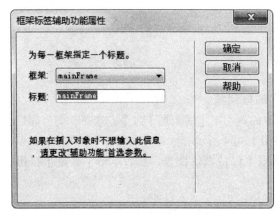

图 19-35　框架标签辅助功能属性　　　　　图 19-36　框架面板

（2）设置框架内容的浏览方式：将【属性】面板中的【滚动】设为 "自动"。

（3）更改左框架、上框架中文档的背景颜色。

将插入点分别放置在左、上框架中，选择【修改】|【页面属性】命令，在【页面属性】对话框中单击 "背景颜色"，在弹出式菜单中，选择蓝色，单击【确定】按钮。

5. 框架页的链接设置

将左框架中的文字与相应的网页链接，目标都设置为 mainframe，效果如图 19-37 所示。

（1）在左框架中选择文本 "主页"。

（2）在【属性】面板【链接】右侧，将 "指向文件" 按钮拖动到 "文件" 面板中相应的网页 "index.html"。【目标】选择 "mainframe"。

（3）选中 "我的 PS 作品"，超链接到 ps.html，目标为 "mainframe"。

（4）其余链接设置同上。

6. 保存框架网页

选择【文件】|【保存全部】命令，该命令将保存在框架集中打开的所有文档，包括框架集文件和所有带框架的文档。

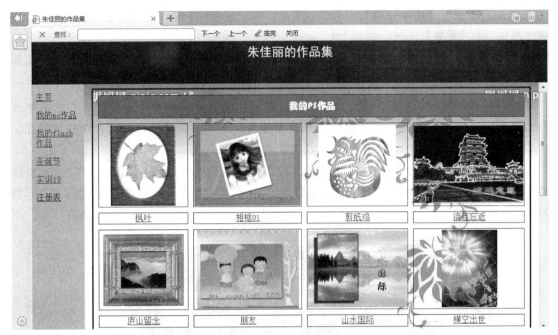

图 19-37　框架整体效果图

四、课后训练及思考

（1）利用"素材\LX19-1"文件夹中的素材（图片素材在"LX19\images"中，动画素材在"LX19-1\flash"中），按以下要求制作或编辑网页，结果保存在原文件夹中。样张如图 19-38 所示。

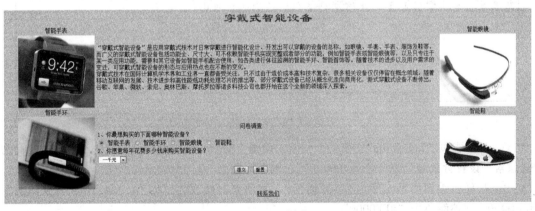

图 19-38　样张

① 打开主页 index.html，设置网页标题为"智能设备简介"；设置表格属性：居中对齐，边框线粗细：0 像素；插入网页背景图片 bg.jpg。

② 设置文字"穿戴式智能设备"的格式：字体为隶书，大小为 36px，颜色为#38428A，居中显示。

③ 在"智能鞋"下方单元格中插入图像 shoes.jpg，定义图片中"苹果"的标志（logo）区域为热点区域，超链接至 http://www.apple.com/，在新窗口打开。

④ 在表单中插入四个单选按钮，其名称都为 bg，其中"智能手表"的初始状态为选中；

插入列表/菜单，三个选项分别为：小于一千元，一千元至三千元，大于三千元；添加两个按钮"提交"和"重置"。

⑤ 合并最后一行第1~3列的单元格；设置单元格的水平对齐方式为"居中对齐"；添加文字"联系我们"，并设置为E-mail链接，链接至dfs@263.net。

（注意：样张仅供参考，相关设置按题目要求完成即可。由于显示器分辨率或窗口大小的不同，网页中文字的位置可能与样张略有差异，图文混排效果与样张大致相同即可；由于显示器颜色差异，做出结果与样张图片中存在色差也是正常的。）

（2）利用"素材\LX19-2"文件夹中的素材（图片素材在"LX19-2\images"中，动画素材在"LX19-2\flash"中），按以下要求制作或编辑网页，结果保存在原文件夹中。样张如图19-39所示。

图 19-39 样张

① 打开主页"Index.htm"，在第1行插入动画"3g.swf"，居中，设置宽为500像素，高为80像素，设置背景颜色为蓝色"#0000FF"，网页标题为3G。

② 按样张编辑字幕文字为"3G 通信"，移动方向修改为"向右"（right），背景颜色为#F8D490，字体颜色为"#FF0000"。

注意：选中"3G通信"，单击【拆分】视图按钮，进行如下修改。

```
<marquee direction="right" bgcolor="#f8d490" style="color:#ff0000">
   3G 通信
</marquee>
```

③ 按样张在第3行分别插入图片"tu03.gif""tu04.jpg""tu05.jpg""tu06.jpg"，居中，设置高为36像素，设置"tu03.gif"与"tu03.txt"超链接，链接目标能在新窗口中打开。

④ 在第4行按样张插入文本文件"文字.txt"中的部分内容，并设置"常见问题"超链接

到"t08.txt",链接颜色为"#FF0000",将"3g.doc"文件中的内容插入到样张所示位置,设置字体为楷体、24 像素(或 18 磅),插入图片"tu07.jpg",并链接到"so.wav"。

⑤ 按样张插入表单,在表单中含有四个复选框,文字在"文字.txt"中,"我已使用"的初始状态为"已勾选",其他项的初始状态为"未选中",将两个按钮设置为"提交"和"重置"。

实训 20
表单的设计

一、实训目的

（1）掌握插入表单域的方法；
（2）掌握插入各种表单对象的方法。

二、实训环境

（1）中文版 Windows 7 操作系统；
（2）中文版 Adobe Dreamweaver CS4。

三、实训任务与操作方法

【任务】 制作图 20-1 所示的注册表单。

这个表单是一个用户注册页面。可以看出，此表单中涉及了单行文本域、密码文本域、多行文本域、单选按钮、复选框、下拉菜单、文件域、按钮等表单元素。

图 20-1 表单效果图

▶▶ 操作步骤与提示 ◀◀

（1）启动 Dreamweaver，建立站点，名称为"wz20"，本地根文件夹位置为 "C:\wz20"。

打开表单文件"form.htm"文件。将光标定位在"用户注册表"文字下一行,单击【插入】栏的【表单】按钮,在插入点处插入一个表单域。

(2)单击【表单】工具栏中的【文本字段】按钮 ,弹出【输入标签辅助功能属性】对话框,在【标签文字】文本框中输入第 1 个文本字段的标签文字"用户名:",如图 20-2 所示,单击【确定】按钮就会在该单元格内出现一个单行文本框,如图 20-3 所示。

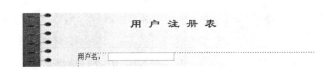

图 20-2　设置标签文字　　　　　　　　图 20-3　插入的用户名表单对象

(3)选中该单行文本框,在其【属性】面板设置名称为"name",【字符宽度】为"20",【最多字符数】设置为"40",其他参数保持默认,如图 20-4 所示。

图 20-4　文本域属性

(4)使用同样的方法,在下一行插入"密码:"文本域,在【属性】面板中将其名称改为"password",将【类型】设置为"密码",其他参数和用户名一样,如图 20-5 所示。

图 20-5　密码文本域属性

(5)在密码行后按<Enter>键换行,手动输入标签文字"性别:",然后使用【表单】工具栏中的【单选按钮】 插入"帅哥"单选按钮对象,然后在【属性】面板中设置名称为"sex",【选定值】设置为"man",【初始状态】设置为"已勾选",如图 20-6 所示。

图 20-6　单选按钮属性

(6)用相同的方法,再添加"美女" 单选按钮,在【属性】面板中设置名称为"sex",【选定值】设置为"美女",【初始状态】设置为"未选中",按<Enter>键换行。

(7)用同样的方法,制作年级选项,如效果图所示。三个单选按钮名称为"grade"。

（8）输入文字"生日:"，单击【表单】工具栏中的【列表/菜单】按钮，插入"年"下拉菜单，然后单击【属性】面板中的【列表值】按钮，在弹出【列表值】对话框中添加年份。添加完成后，将菜单名称修改为"year"。

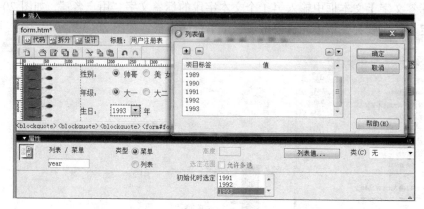

图 20-7　单选按钮属性

（9）使用同样的方法添加"月"和"日"下拉菜单。按<Enter>键换行。

（10）输入文字"爱好:"，单击【表单】工具栏中的【复选框】按钮，添加"唱歌"复选项。在【属性】面板中将它的名称设置为"aihao"，【选定值】为"change"，【初始值】设置为"未选中"。

（11）使用同样的方法添加并设置其他复选项。注意：它们的名称都要设置为"aihao"。按<Enter>键换行。

（12）输入文字"近照:"，单击【表单】工具栏中的【文件域】按钮，插入文件域，在【属性】面板中将文件域的名称修改为"zhaopian"，其他参数保持默认。按<Enter>键换行。后面插入图片，起提示作用。

（13）输入文字"简介:"，单击【文本区域】按钮插入一个文本区域，将名称设置为"jianjie"，将【字符宽度】设置为"40"，将【行数】设置为"8"，其他参数保持默认。按<Enter>键换行。

图 20-8　多行文本域属性

（14）单击【属性】面板上的居中按钮 ≣，单击【表单】工具栏中的【按钮】 ▭ 工具，插入"提交"按钮。

（15）切换输入法为中文全角（或者选择【编辑】|【首选参数】命令，勾选【允许多个连续的空格】复选框），输入几个空格，再插入一个"提交"按钮，选中该按钮，在【属性】面板中选择"重置"按钮，将"重置"改为"重填"。光标定位在两个按钮之间，按下空格键。

（16）保存并预览网页。

四、课后训练及思考

（1）利用"素材\LX20-1"文件夹中的素材（图片素材在"LX20-1\images"中，动画素材在"LX20-1\flash"中），按以下要求制作或编辑网页，结果保存在原文件夹中。样张如图 20-9 所示。

① 打开主页"index.htm"，设置网页标题为"母亲节调查"，设置背景色为淡黄色"#FFFFCC"，并在第 1 行插入一个 3 行 2 列的表格。

② 设置表格属性：对齐方式水平居中、指定宽度为浏览器窗口的 90%、边框线宽度为 0、单元格边（衬）距为 0、单元格间距为"0"，设置表格背景颜色为黄色"#FFFF00"；合并表格第 1 列的第 2 和第 3 行，合并后单元格水平垂直均居中。

③ 在表格的第 1 行第 1 列单元格中插入图片"mqj.jpg"，并设置第 1 列列宽为 300 像素；在表格的第 3 行第 2 列单元格中插入水平线，设置其高为 4 像素，颜色为红色"#FF0000"；在表格的第 2 行第 2 列单元格中输入"与我联系"，并链接到邮箱"zy@hotmail.com"，输入"更多信息请搜索 Google"，并链接到 Google 网站（http://www.google.com.hk/），能在新窗口中打开，所输入的文字位置与样张大致相同即可。

图 20-9　样张（1）

④ 根据样张在表格的第 2 行第 1 列单元格中插入"母亲节知识.txt"文件中的文本并编辑，字体设置为黑体、12 磅（或 18 像素），颜色为淡红色"#FF3366"。

⑤ 根据样张在表格的第 1 行第 2 列单元格中插入表单并添加相应的表单元素，标题为"母亲节调查"，并将标题设置为宋体、18 磅（或 24 像素），颜色为红色"#FF0000"，居中。"您的年龄？"列表值为 25 岁以下、26～40 岁、41 岁以上，默认为 26～40 岁；在表单下方将两个按钮设置为"提交"和"重置"，并居中。

（2）利用"素材\ LX20-2"文件夹中的素材（图片素材在"LX20-2\images"中，动画素材在"LX20-2\flash"中），按以下要求制作或编辑网页，结果保存在原文件夹中。样张如图 20-10 所示。

① 打开主页 index.html，设置网页标题为"美食速报"；设置网页背景图片为 bg.jpg；设置表格属性：居中对齐、边框线宽度、单元格填充和单元格间距都设置为 0。

② 按样张，合并第 1 行第 1、2 列单元格（1 分），设置"鲜花入食"的文字格式：字体为方正舒体，大小 36px，颜色为"#A976B8"。

③ 按样张，分别在第 3、5 行第 1 列分别插入图片 shi1.jpg 和 shi2.jpg；按样张，设置文字"桃花粥"并超链接到 tao.html，并在新窗口中打开。

④ 按样张，合并第 6 行第 1、2 列单元格，插入水平线，宽度为 90%，修改水平线的颜色为"#A976B8"。

⑤ 按样张，在表格最后一行添加表单及相关内容，用户名单行文本域、密码文本域（类型为密码），字符宽度都为 20 字符，并在下面添加两个按钮，分别为"提交"和"重置"。

鲜花入食

杏仁茉莉花

杏仁用清水洗干净，放入开水锅中煮15分钟后捞出，放入凉水中反复浸泡，去除苦味儿，剥去外皮备用。

茉莉花放入开水锅中略焯一下，再放入凉水中过凉。将少量红色和黄色彩椒切成丁儿，放入开水锅中略焯一下，再放入凉水中过凉。

将上述原料装入盘中，加盐、味精、醋、香油拌匀后即可食用。此菜色泽鲜艳，茉莉花香浓郁。

桃花粥

将糯米淘洗后，用温水泡发1小时；将桃花用清水稍加清洗备用，枸杞温水泡发备用；将糯米入锅，加适量温水，大火煮开后，用文火慢炖至微黏；加入桃花、枸杞及冰糖，继续炖煮，至软烂黏稠，即可出锅。

飘香的米粥，粉粉的桃花在粥中若隐若现，渐渐与晶莹剔透的米粒相融，淡淡的花香伴着浓浓的米香，浑然天成，美轮美奂，浅浅地尝一口，真是唇齿留香。

会员区

注册会员，有更多好吃的美味等着您⋯⋯

用户名：

密码：

提交　重置

图 20-10　样张（2）

（3）利用"素材\ LX20-3"文件夹中的素材（图片素材在"LX20-3\images"中，动画素材在"LX20-3\flash"中），按以下要求制作或编辑网页，结果保存在原文件夹中。样张如图 20-11 所示。

① 打开主页"index.htm"，设置网页标题为"世博网"；按样张设置网页背景色为浅绿色（#E7F8EF）；设置表格属性：对齐方式为"水平居中"，边框线宽度、单元格边（衬）距和单元格间距都设置为 0。

② 按样张设置表格第 1 行的背景色为白色（White），并在该行最左边插入图片"logo.gif"，图片大小设置为宽 118 像素，高 134 像素，在该行最右边插入动画"title.swf"。

设置大小为宽 380 像素，高 134 像素。

③ 按样张在表格第 2 行第 1 列的背景图上输入文字"吉祥物"，设置字体为隶书、颜色"#5CAD37"、大小 12 磅。

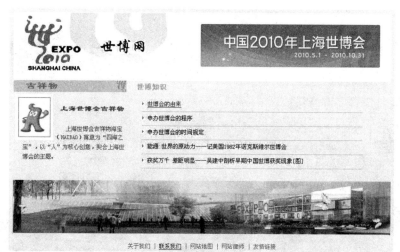

图 20-11　样张（3）

④ 设置"上海世博会吉祥物海宝（HAIBAO）寓意……世博会的主题。"段落的行间距为 20 像素（px）；将"世博会的由来"至"获奖万千　差距明显——吴建中剖析早期中国世博获奖现象"的每一个世博知识间的空行换成宽度为 350 磅（pt）（或 500 像素）的水平线，并设置水平线的高为 1 像素、浅灰（#CDD1CF），设置这些文本及水平线的段前、段后距离为 0；将"世博会的由来"的链接设置为指向"世博会的由来.htm"，使该页面能在独立的窗口中打开。

⑤ 在表格下方增加一空白行，添加一行内容"关于我们 | 联系我们 | 网站地图 | 网站律师 | 友情链接"，设置该行颜色为灰（#808080）、大小为 12 像素（或 9pt）、对齐方式为居中，设置"联系我们"的链接指向邮箱地址"shibo@expo.sh.cn"。

（4）利用"素材\LX20-4"文件夹中的素材（图片素材在"LX20-4\images"中，动画素材在"LX20-4\flash"中），按以下要求制作或编辑网页，结果保存在原文件夹中。样张如图 20-12 所示。

① 打开主页 index.htm，设置网页标题为"2010 上海世博会"；按样张设置网页背景色为"浅绿色（#E7F8EF）"；设置表格属性：对齐方式为水平居中，边框线宽度为 0、单元格边（衬）距为 0、单元格间距为 0。

② 按样张设置表格第 1 行的背景颜色为白色（White），在已有的图片右边分别插入图片"word.gif"和动画"title.swf"，设置图片宽为 210 像素，高为 134 像素；动画的宽为 380 像素，高为 134 像素。

③ 设置"世博知识问答"的字体为黑体、加粗、大小 12 磅（或 18 像素）、橙色（#FFCC66）。

④ 按样张在"上海世博会的主会场在哪个区？"的提问中添加复选项"徐汇区""杨浦区""虹口区""闸北区"，添加按钮"提交"与"重置"。

⑤ 按样张在"上海世博会会徽"介绍的下面，添加水平线，并设置水平线的宽为 188pt（或 250 像素）、浅灰（#CDD1CF），设置"中国 2010 年上海……的理念"段落的行间距为 20 像素（px），设置最后一行"关于我们"链接到"sbzt.htm"，使该页面能在新窗口打开，设置"友情链接"链接到世博网（http://www.expo2010.cn/）。

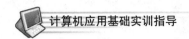

图 20-12　样张（4）

附录 A 综合练习

综合练习 1

一、单选题

1. 下列叙述中，正确的是（　　）。
   - A. 内存中存放的是当前正在执行的程序和所需的数据
   - B. 内存中存放的是当前暂时不用的程序和数据
   - C. 外存中存放的是当前正在执行的程序和所需的数据
   - D. 内存中只能存放指令

2. 已知英文字母 m 的 ASCII 码值为 6DH，那么 ASCII 码值为 70H 的英文字母是（　　）。
   - A. P
   - B. Q
   - C. p
   - D. j

3. 下列叙述中，正确的是（　　）。
   - A. 所有计算机病毒只在可执行文件中传染
   - B. 计算机病毒可通过读写移动存储器或在 Internet 中进行传播
   - C. 只要把带毒 U 盘设置成只读状态，那么此盘上的病毒就不会因读盘而传染给另一台计算机
   - D. 计算机病毒是由于光盘表面不清洁而造成的

4. 下列叙述中，错误的是（　　）。
   - A. 计算机硬件主要包括主机、键盘、显示器、鼠标器和打印机五大部件
   - B. 计算机软件分系统软件和应用软件两大类
   - C. CPU 主要由运算器和控制器组成
   - D. 内存储器中存储当前正在执行的程序和处理的数据

5. 5 位二进制无符号数最大能表示的十进制整数是（　　）。
   - A. 64
   - B. 63
   - C. 32
   - D. 31

6. 下列编码中，属于正确的汉字内码的是（　　）。
   - A. 5EF6H
   - B. FB67H
   - C. A3B3H
   - D. C97DH

7. UPS 的中文译名是（　　）。
   - A. 稳压电源
   - B. 不间断电源

C. 高能电源　　　　　　　　　　　D. 调压电源

8. 计算机的硬件主要包括：中央处理器(CPU)、存储器、输出设备和（　　　）。

A. 键盘　　　　　　　　　　　　　B. 鼠标

C. 输入设备　　　　　　　　　　　D. 显示器

9. 在计算机中，信息的最小单位是（　　　）。

A. bit　　　　　　B. B　　　　　　C. Word　　　　　　D. Double Word

10. 当电源关闭后，下列关于存储器的说法中，正确的是（　　　）。

A. 存储在 RAM 中的数据不会丢失

B. 存储在 ROM 中的数据不会丢失

C. 存储在软盘中的数据会全部丢失

D. 存储在硬盘中的数据会丢失

11. 十进制数 60 转换成二进制数是（　　　）。

A. 0111010　　　　　　　　　　　B. 0111110

C. 0111100　　　　　　　　　　　D. 0111101

12. 影响一台计算机性能的关键部件是（　　　）。

A. CD-ROM　　　　B. 硬盘　　　　C. CPU　　　　　D. 显示器

13. 通常打印质量最好的打印机是（　　　）。

A. 针式打印机　　　　　　　　　　B. 点阵打印机

C. 喷墨打印机　　　　　　　　　　D. 激光打印机

14. 下列各指标中，数据通信系统的主要技术指标之一的是（　　　）。

A. 误码率　　　　B. 重码率　　　　C. 分辨率　　　　　D. 频率

15. 下列叙述中，正确的是（　　　）。

A. C++是高级程序设计语言的一种

B. 用 C++程序设计语言编写的程序可以直接在机器上运行

C. 当代最先进的计算机可以直接识别、执行任何语言编写的程序

D. 机器语言和汇编语言是同一种语言的不同名称

16. CPU 主要技术性能指标有（　　　）。

A. 字长、运算速度和时钟主频

B. 可靠性和精度

C. 耗电量和效率

D. 冷却效率

17. 在下列字符中，其 ASCII 码值最小的一个是（　　　）。

A. 空格字符　　　　B. 0　　　　C. A　　　　　　D. a

18. 一个汉字的机内码与国标码之间的差别是（　　　）。

A. 前者各字节的最高位二进制值各为 1，而后者为 0

B. 前者各字节的最高位二进制值各为 0，而后者为 1

C. 前者各字节的最高位二进制值各为 1.0，而后者为 0.1

D. 前者各字节的最高位二进制值各为 0.1，而后者为 1.0

19. 下列关于磁道的说法中，正确的是（　　　）。

A. 盘面上的磁道是一组同心圆

B. 由于每一磁道的周长不同，所以每一磁道的存储容量也不同

C. 盘面上的磁道是一条阿基米德螺线

D. 磁道的编号是最内圈为 0，并次序由内向外逐渐增大，最外圈的编号最大

20. 下列用户 XUEJY 的电子邮件地址中，正确的是（　　　）。

A. XUEJY@bj163.com

B. XUEJYbj163.com

C. XUEJY#bj163.com

D. XUEJY@bj163.om

二、基本操作题（不限制操作的方式）

注意：下面出现的"考生文件夹"均为 C:\15900130。

1. 将考生文件夹下 SINK 文件夹中的文件夹 GUN 复制到考生文件夹下的 PHILIPS 文件夹中，并更名为 BATTER。

2. 将考生文件夹下 SUICE 文件夹中的文件夹 YELLOW 的隐藏属性撤销。

3. 在考生文件夹下 MINK 文件夹中建立一个名为 WOOD 的新文件夹。

4. 将考生文件夹下 POUNDER 文件夹中的文件 NIKE.PAS 移动到考生文件夹下 NIXON 文件夹中。

5. 将考生文件夹下 BLUE 文件夹中的的文件 SOUPE.FOR 删除。

三、字处理

在考生文件夹下打开文档 WORD.DOCX，按照要求完成下列操作并以该文件名（WORD.DOCX）保存文档。

1. 将标题段文字（"信息技术基础教学分类探讨"）文字设置为三号、楷体、倾斜、居中，文本效果设置为"阴影（外部、右下斜偏移）"、"文本填充、纯色填充"，填充颜色为"玫瑰红（红色 255,绿色 100,蓝色 100）"。

2. 将文中所有错词"信息技术"替换为"计算机"；设置左、右页边距各为 3.5 厘米。

3. 设置正文各段落（"按照教育部高教司……解决问题的能力与水平。"）左右各缩进 2 字符，首行缩进 2 字符，段前间距 0.3 行；将正文第三段（"后续课的内容……解决问题的能力与水平。"）分为等宽两栏，栏间添加分隔线（注意：分栏时，段落范围包括本段末尾的回车符）。

4. 将文中后 7 行文字转换成一个 7 行 2 列的表格，设置表格居中、表格列宽为 5 厘米、行高为 0.7 厘米；设置表格中第一行文字水平居中，其余文字中部右对齐。

5. 设置表格外框线和第一行与第二行间的内框线为 3 磅标准色（绿色）单实线，其余内框线为 1 磅标准色（绿色）单实线，设置表格为浅黄色（红色 255，绿色 255，蓝色 100）底纹。

四、电子表格

1. 在考生文件夹下打开 EXCEL.XLSX 文件：

（1）将 Sheet1 工作表的 A1：E1 单元格合并为一个单元格，内容水平居中；计算"成绩"列的内容（成绩=单选题数*2+多选题数*4），按成绩的降序次序计算"成绩排名"列的内容（利

用 RANK 函数，降序）；利用套用表格格式将 A2:E12 数据区域设置为"表样式中等深浅 5"。

（2）选取"学号"列（A2:A12）和"成绩"列（D2:D12）数据区域的内容建立"簇状水平圆柱图"，图表标题为"成绩统计图"，删除图例；将图插入到表的 A14:E30 单元格区域内，将工作表命名为"成绩统计表"，保存 EXCEL.XLSX 文件。

2. 打开工作簿文件 EXC.XLSX，对工作表"图书销售情况表"内数据清单的内容进行筛选，条件为第四季度、计算机类或少儿类图书；对筛选后的数据清单按主要关键字"销售额"的降序次序和次要关键字"图书类别"的降序次序进行排序，工作表名不变，保存 EXC.XLSX 工作簿。

五、演示文稿

打开考生文件夹下的演示文稿 YSWG.PPTX,按照下列要求完成对此文稿的修饰并保存。

1. 使用"透视"主题修饰全文，全部幻灯片切换效果为"切换"，效果选项为"向左"。

2. 在第一张幻灯片前插入一版式为"标题幻灯片"的新幻灯片，主标题输入"中国海军护航舰队抵达亚丁湾索马里海域"，并设置为"黑体"，41 磅，红色（RGB 颜色模式：250，0，0），副标题输入"组织实施对 4 艘中国商船的首次护航"，并设置为"仿宋"，30 磅字。第二张幻灯片的版式改为"两栏内容"，将考生文件夹下的图片文件 ppt1.png 插入到内容区，标题区输入"中国海军护航舰队确保被护航船只和人员安全"。图片动画设置为"飞入"，效果选项为"自右下部"，文本动画设置为"曲线向上"，效果选项为"作为一个对象"。动画顺序为先文本后图片。第三张幻灯片的版式改为"两栏内容"，将考生文件夹下的图片文件 PPT2.JPG 插入到左侧内容区，并将第二张幻灯片左侧文本前两段文本移到第三张幻灯片右侧内容区。

六、网络题

1. 接收来自班主任的邮件，主题为"关于期末考试的通知"，转发给同学彬彬，她的 E-mail 地址是 binbin880211@163.com。

2. 打开 Http://localhost/myweb/intro.htm 页面，找到汽车品牌"奥迪"的介绍，在考生文件夹下新建文本文件"奥迪.txt"，并将网页中的关于奥迪汽车的介绍内容复制到文件"奥迪.txt"中，并保存。

综合练习 2

一、单选题

1. 下列关于世界上第一台电子计算机 ENIAC 的叙述中，错误的是（　　　）。
   A. 它是 1946 年在美国诞生的
   B. 它主要采用电子管和继电器
   C. 它是首次采用存储程序控制使计算机自动工作
   D. 它主要用于弹道计算

2. 下列关于计算机病毒的叙述中，错误的是（　　　）。
   A. 计算机病毒具有潜伏性

B. 计算机病毒具有传染性

C. 感染过计算机病毒的计算机具有对该病毒的免疫性

D. 计算机病毒是一个特殊的寄生程序

3. 下列各存储器中，存取速度最快的是（　　　）。

 A. CD-ROM B. 内存储器 C. 软盘   D. 硬盘

4. 完整的计算机软件指的是（　　　）。

 A. 程序、数据与相应的文档

 B. 系统软件与应用软件

 C. 操作系统与应用软件

 D. 操作系统和办公软件

5. 标准 ASCII 码用 7 位二进制位表示一个字符的编码，其不同的编码共有（　　　）。

 A. 127 个 B. 128 个 C. 256 个 D. 254 个

6. 在外部设备中，扫描仪属于（　　　）。

 A. 输出设备   B. 存储设备

 C. 输入设备   D. 特殊设备

7. 在微机的配置中常看到"P4 2.4G"字样,其中数字"2.4G"表示（　　　）。

 A. 处理器的时钟频率是 2.4 GHz

 B. 处理器的运算速度是 2.4 GIPS

 C. 处理器是 Pentium 4 第 2.4 代

 D. 处理器与内存间的数据交换速率是 2.4GB/s

8. 计算机能直接识别的语言是（　　　）。

 A. 高级程序语言   B. 机器语言

 C. 汇编语言   D. C++语言

9. 存储计算机当前正在执行的应用程序和相应的数据的存储器是（　　　）。

 A. 硬盘 B. ROM C. RAM   D. CD-ROM

10. 二进制数 1001001 转换成十进制数是（　　　）。

 A. 72 B. 71 C. 75   D. 73

11. 根据国标 GB 2312—1980 的规定，总计有各类符号和一、二级汉字编码（　　　）。

 A. 7145 个 B. 7445 个 C. 3008 个 D. 3755 个

12. 已知一汉字的国标码是 5E38，其内码应是（　　　）。

 A. DEB8 B. DE38 C. 5EB8   D. 7E58

13. 十进制数 90 转换成无符号二进制数是（　　　）。

 A. 1011010   B. 1101010

 C. 1011110   D. 1011100

14. 已知三个字符为：a、X 和 5，按它们的 ASCII 码值升序排序，结果是（　　　）。

 A. 5,a,X B. a,5,X C. X,a,5   D. 5,X,a

15. 一个完整计算机系统的组成部分应该是（　　　）。

 A. 主机、键盘和显示器

 B. 系统软件和应用软件

 C. 主机和其外围设备

D. 硬件系统和软件系统

16. 运算器的主要功能是进行（　　　）。

　　A. 算术运算　　　　　　　　　　B. 逻辑运算

　　C. 加法运算　　　　　　　　　　D. 算术和逻辑运算

17. 假设某台式计算机的内存储器容量为 256MB，硬盘容量为 20GB。硬盘的容量是内存容量的（　　　）。

　　A. 40 倍　　　　　B. 60 倍　　　　　C. 80 倍　　　　　D. 100 倍

18. 度量计算机运算速度常用的单位是（　　　）。

　　A. MIPS　　　　　B. MHz　　　　　C. MB　　　　　D. Mbps

19. 一个字长为 8 位的无符号二进制整数能表示的十进制数值范围是（　　　）。

　　A. 0 ~ 256　　　　　　　　　　　B. 0 ~ 255

　　C. 1 ~ 256　　　　　　　　　　　D. 1 ~ 255

20. Internet 网中不同网络和不同计算机相互通讯的基础是（　　　）。

　　A. ATM　　　　　　　　　　　　B. TCP/IP

　　C. Novell　　　　　　　　　　　D. X.25

二、基本操作题（不限制操作的方式）

注意：下面出现的"考生文件夹"均为 C:\15900205。

1. 在考生文件夹下分别建立 KANG1 和 KANG2 两个文件夹。

2. 将考生文件夹下 MING.FOR 文件复制到 KANG1 文件夹中。

3. 将考生文件夹下 HWAST 文件夹中的文件 XIAN.TXT 重命名为 YANG.TXT。

4. 搜索考生文件夹中的 FUNC.WRI 文件，然后将其设置为"只读"属性。

5. 为考生文件夹下 SDTA\LOU 文件夹建立名为 KLOU 的快捷方式，并存放在考生文件夹下。

三、字处理

在考生文件夹下，打开文档 WORD.DOCX，按照要求完成下列操作并以该文件名（WORD.DOCX）保存文档。

1. 将文中所有错词"国书"替换为"果树"；将标题段（"果树与谎话"）文字设置为小二号蓝色（红色 0，绿色 0，蓝色 255）、宋体（正文）、居中，并添加双波浪下画线。

2. 将正文各段文字（"美国首任总统……一句谎话。"）设置为小四号楷体；各段落首行缩进 2 字符、行距设置为 16 磅、段前间距 0.5 行。

3. 设置页面左右边距各为 3.1 厘米；在页面底端以"普通数字 3"格式插入页码。

4. 将文中后 7 行文字转换为一个 7 行 4 列的表格、表格居中；设置表格列宽为 3 厘米；表格中的所有内容设置为小五号宋体（正文）且水平居中；

5. 设置外框线为 3 磅蓝色（红色 0.绿色 0.蓝色 255）单实线、内框线为 1 磅红色（红色 255.绿色 0.蓝色 0）单实线；并按"负载能力"列降序排序表格内容。

四、电子表格

1. 在考生文件夹下打开 EXCEL.XLSX 文件：

（1）将 Sheet1 工作表的 A1：E1 单元格合并为一个单元格，内容水平居中；计算"销售额"列的内容（数值型，保留小数点后 0 位），按销售额的降序次序计算"销售排名"列的内容（利用 RANK 函数）；利用条件格式将 E3:E11 区域内排名前五位的字体颜色设置为绿色（请用"小于"规则）。

（2）选取"产品型号"和"销售额"列内容，建立"三维簇状柱形图"，图表标题为"产品销售额统计图"，删除图例；将图插入到表的 A13:E28 单元格区域内，将工作表命名为"产品销售统计表"，保存 EXCEL.XLSX 文件。

2. 打开工作簿文件 EXC.XLSX，对工作表"产品销售情况表"内数据清单的内容进行筛选，条件依次为第 1 分店或第 3 分店、电冰箱或手机产品，工作表名不变，保存 EXC.XLSX 工作簿。

五、演示文稿

打开考生文件夹下的演示文稿 YSWG.PPTX,按照下列要求完成对此文稿的修饰并保存。

使用"奥斯汀"主题修饰全文，全部幻灯片切换效果为"闪光"，放映方式为"在展台浏览"。

在第一张幻灯片前插入版式为"标题幻灯片"的新幻灯片，主标题输入"地球报告"，副标题为"雨林在呻吟"。主标题设置为"加粗"、红色（RGB 颜色模式：249,1,0）。将第二张幻灯片版式改为"标题和竖排文字"，文本动画设置为"空翻"。第二张幻灯片后插入版式为"标题和内容"的新幻灯片，标题为"雨林——高效率的生态系统"，内容区插入 5 行 2 列表格，表格样式为"浅色样式 3"，第一列的 5 行分别输入"位置""面积""植被""气候"和"降雨量"，第二列的 5 行分别输入"位于非洲中部的刚果盆地，是非洲热带雨林的中心地带""与墨西哥国土面积相当""覆盖着广阔、葱绿的原始森林""气候常年潮湿，异常闷热"和"一小时降雨量就能达到 7 英寸"。

六、网络题

1. 浏览 HTTP://LOCALHOST/DJKS/test.htm 页面，找到对 Office 软件的介绍文档的链接，下载保存到考生文件夹下，命名为"Office.doc"。

2. 接收并阅读由 xuexq@mail.neeA.edu.cn 发来的 E-mail，并按 E-mail 中的指令完成操作。

综合练习 3

一、单选题

1. 十进制数 59 转换成无符号二进制整数是（　　　）。

 A. 0111101   B. 0111011

 C. 0111101   D. 0111111

2. 下列设备组中，完全属于外围设备的一组是（　　　）。

 A. 激光打印机、移动硬盘、鼠标器

 B. CPU、键盘、显示器

C. SRAM 内存条、CD-ROM 驱动器、扫描仪

D. U 盘、内存储器、硬盘

3. 无符号二进制整数 1011000 转换成十进制数是（　　　）。

A. 76　　　　　　　B. 78　　　　　　　C. 88　　　　　　　D. 90

4. 一个完整的计算机软件应包含（　　　）。

A. 系统软件和应用软件　　　　　　B. 编辑软件和应用软件

C. 数据库软件和工具软件　　　　　D. 程序、相应数据和文档

5. 对 CD-ROM 可以进行的操作是（　　　）。

A. 读或写　　　　　　　　　　　　B. 只能读不能写

C. 只能写不能读　　　　　　　　　D. 能存不能取

6. 已知 a=00101010B 和 b=40D，下列关系式成立的是（　　　）。

A. $a>b$　　　　B. $a=b$　　　　C. $a<b$　　　　D. 不能比较

7. 下列关于计算机病毒的叙述中，正确的是（　　　）。

A. 计算机病毒的特点之一是具有免疫性

B. 计算机病毒是一种有逻辑错误的小程序

C. 反病毒软件必须随着新病毒的出现而升级,提高查、杀病毒的功能

D. 感染过计算机病毒的计算机具有对该病毒的免疫性

8. 下面关于操作系统的叙述中，正确的是（　　　）。

A. 操作系统是计算机软件系统中的核心软件

B. 操作系统属于应用软件

C. Windows 是计算机唯一的操作系统

D. 操作系统的五大功能是：启动、打印、显示、文件存取和关机

9. 下列的英文缩写和中文名字的对照中，错误的是（　　　）。

A. CAD——计算机辅助设计

B. CAM——计算机辅助制造

C. CIMS——计算机集成管理系统

D. CAI—— 计算机辅助教育

10. Cache 的中文译名是（　　　）。

A. 缓冲器　　　　　　　　　　　　B. 只读存储器

C. 高速缓冲存储器　　　　　　　　D. 可编程只读存储器

11. 把用高级程序设计语言编写的源程序翻译成目标程序(.OBJ)的程序称为（　　　）。

A. 汇编程序　　　　　　　　　　　B. 编辑程序

C. 编译程序　　　　　　　　　　　D. 解释程序

12. 根据汉字国标 GB 2312—1980 的规定，一个汉字的机内码的码长是（　　　）。

A. 8 bit　　　　　　　　　　　　　B. 12 bit

C. 16 bit　　　　　　　　　　　　 D. 24 bit

13. 字长是 CPU 的主要技术性能指标之一，它表示的是（　　　）。

A. CPU 的计算结果的有效数字长度

B. CPU 一次能处理二进制数据的位数

C. CPU 能表示的最大的有效数字位数

D. CPU 能表示的十进制整数的位数

14. 下列 4 个 4 位十进制数中，属于正确的汉字区位码的是（   ）。

    A. 5601   B. 9596   C. 9678   D. 8799

15. 在标准 ASCII 码表中，已知英文字母 A 的十进制码值是 65，英文字母 a 的十进制码值是（   ）。

    A. 95   B. 96   C. 97   D. 91

16. Internet 实现了分布在世界各地的各类网络的互联，其基础和核心的协议是（   ）。

    A. HTTP   B. TCP/IP   C. HTML   D. FTP

17. 计算机网络最突出的优点是（   ）。

    A. 提高可靠性   B. 提高计算机的存储容量

    C. 运算速度快   D. 实现资源共享和快速通信

18. 计算机硬件系统主要包括：运算器、存储器、输入设备、输出设备和（   ）。

    A. 控制器   B. 显示器

    C. 磁盘驱动器   D. 打印机

19. 下列说法中，正确的是（   ）。

    A. 只要将高级程序语言编写的源程序文件(如 try.C 的扩展名更改为.exe，则它就成为可执行文件了

    B. 当代高级的计算机可以直接执行用高级程序语言编写的程序

    C. 用高级程序语言编写的源程序经过编译和链接后成为可执行程序

    D. 用高级程序语言编写的程序可移植性和可读性都很差

20. 办公室自动化（OA）是计算机的一项应用，按计算机应用的分类，它属于（   ）。

    A. 科学计算   B. 辅助设计

    C. 实时控制   D. 信息处理

二、基本操作题（不限制操作的方式）

注意：下面出现的"考生文件夹"均为 C:\15900207。

1. 在考生文件夹中分别建立 WEN 和 HUA 两个文件夹。

2. 在 WEN 文件夹中新建一个名为 YOU.DOCX 的文件。

3. 将考生文件夹下 TA 文件夹中的 QUE.DOCX 文件复制到考生文件夹下 HUA 文件夹中。

4. 为考生文件夹下 YAN 文件夹中的 LAB.EXE 文件建立名为 LAB 的快捷方式，存放在考生文件夹中。

5. 搜索考生文件夹下的 ABC.PPT 文件，然后将其移动到考生文件夹下的 PPT 文件夹中。

三、字处理

在考生文件夹下，打开文档 WORD.DOCX，按照要求完成下列操作并以该文件名（WORD.DOCX）保存文档。

1. 将标题段（"财经类公共基础课程模块化"）文字设置为三号红色（红色 255. 绿色 0. 蓝色 0）黑体居中，并添加蓝色（红色 0. 绿色. 蓝色 255）双波浪下画线。

2. 将正文各段落（"按照……三种组合方式供选择。"）文字设置为小四仿宋，行距设

置为 18 磅，段落首行缩进 2 字符。

3. 在页面顶端居中位置输入"空白"型页眉，无项目符号，小五号宋体，文字内容为"财经类专业计算机基础课程设置研究"。

4. 将文中后 8 行文字转换为一个 8 行 5 列的表格；设置表格居中，表格第 2 列列宽为 6 厘米，其余列列宽为 2 厘米，行高 0.6 厘米，表格中所有文字水平居中。

5. 设置表格所有框线为 1 磅红色（红色 255. 绿色 0. 蓝色 0）单实线；计算"合计"行"讲课"，"上机"及"总学时"的合计值。

四、电子表格

1. 打开工作簿文件 EXCEL.XLSX:

（1）将工作表 Sheet1 的 A1：D1 单元格合并为一个单元格，内容水平居中，分别计算各部门的人数（利用 COUNTIF 函数）和平均年龄（利用 SUMIF 函数），置于 F4：F6 和 G4：G6 单元格区域，利用套用表格格式将 E3：G6 数据区域设置为"表样式浅色 17"。

（2）选取"部门"列（F3：F6）和"平均年龄"列（G3：G6）内容，建立"三维簇状条形图"，图表标题为"平均年龄统计表"，删除图例；将图插入到表的 A19：F35 单元格区域内，将工作表命名为"企业人员情况表"，保存 EXCEL.XLSX 文件。

2. 打开工作簿文件 EXC.XLSX，对工作表"图书销售情况表"内数据清单的内容进行自动方式筛选，条件为各分部第一或第四季度、社科类或少儿类图书，对筛选后的数据清单按主要关键字"经销部门"的升序次序和次要关键字"销售额（元）"的降序次序进行排序。工作表名不变，保存 EXC.XLSX 工作簿。

五、演示文稿

打开考生文件夹下的演示文稿 YSWG.PPTX,按照下列要求完成对此文稿的修饰并保存。

1. 使用"模块"主题修饰全文，全部幻灯片切换效果为"库"，效果选项为"自左侧"。设置放映方式为"观众自行浏览"。

2. 在第一张幻灯片前插入一版式为"空白"的新幻灯片，插入 5 行 2 列的表格。表格样式为"中度样式 4"。第一列的第 1~5 行依次录入"方针""稳粮""增收""强基础"和"重民生"。第二列的第 1 行录入"内容"，将第二张幻灯片的文本第 1~4 段依次复制到表格第二列的第 2~5 行。将第七张幻灯片移到第一张幻灯片前面。删除第三张幻灯片。第一张幻灯片的主标题和副标题的动画均设置为"翻转式由远及近"。动画顺序为先副标题后主标题。

六、网络题

1. 给同学孙冉发邮件，E-mail 地址是：sunshine9960@gmail.com，主题为：鲁迅的文章，正文为：孙冉，你好，你要的两篇鲁迅作品在邮件附件中，请查收。将考生文件夹下的文件"LuXun1.txt"和"LuXun2.txt"粘贴至邮件附件中。发送邮件。

2. 打开 http://localhost/myweb/intro.htm 页面，浏览对各个汽车品牌的介绍，找到查看更多汽车品牌介绍的链接，在考生文件夹下新建文本文件 search_adress.txt，复制链接地址到 search_adress.txt 中，并保存。

综合练习 4

一、单选题

1. CPU 的指令系统又称为（　　）。
   A. 汇编语言　　　　　　　　　B. 机器语言
   C. 程序设计语言　　　　　　　D. 符号语言

2. 把内存中的数据保存到硬盘上的操作称为（　　）。
   A. 显示　　　　　　　　　　　B. 写盘
   C. 输入　　　　　　　　　　　D. 读盘

3. 冯·诺依曼（Von Neumann）在总结 ENIAC 的研制过程和制订 EDVAC 计算机方案时，提出两点改进意见，它们是（　　）。
   A. 采用 ASCII 编码集和指令系统
   B. 引入 CPU 和内存储器的概念
   C. 机器语言和十六进制
   D. 采用二进制和存储程序控制的概念

4. CD-ROM 是（　　）。
   A. 大容量可读可写外存储器
   B. 大容量只读外部存储器
   C. 可直接与 CPU 交换数据的存储器
   D. 只读内部存储器

5. 当前微机上运行的 Windows 属于（　　）。
   A. 批处理操作系统
   B. 单任务操作系统
   C. 多任务操作系统
   D. 分时操作系统

6. 无符号二进制整数 111110 转换成十进制数是（　　）。
   A. 62　　　　　B. 60　　　　　C. 58　　　　　D. 56

7. 下列关于电子邮件的说法，正确的是（　　）。
   A. 收件人必须有 E-mail 地址，发件人可以没有 E-mail 地址
   B. 发件人必须有 E-mail 地址，收件人可以没有 E-mail 地址
   C. 发件人和收件人都必须有 E-mail 地址
   D. 发件人必须知道收件人住址的邮政编码

8. 假设 ISP 提供的邮件服务器为 bj163.com，用户名为 XUEJY 的正确电子邮件地址是（　　）。
   A. XUEJY @ bj163.com
   B. XUEJYbj163.com
   C. XUEJY#bj163.com
   D. XUEJY@bj163.com

9. 鼠标器是当前计算机中常用的（　　　　）。

    A. 控制设备   B. 输入设备

    C. 输出设备   D. 浏览设备

10. 下面关于"计算机系统"的叙述中，最完整的是（　　　　）。

    A. "计算机系统"就是指计算机的硬件系统

    B. "计算机系统"是指计算机上配置的操作系统

    C. "计算机系统"由硬件系统和安装在上的操作系统组成

    D. "计算机系统"由硬件系统和软件系统组成。

11. 下列关于计算机病毒的叙述中，正确的是（　　　　）。

    A. 计算机病毒只感染.exe 或.com 文件

    B. 计算机病毒可通过读写移动存储设备或通过 Internet 网络进行传播

    C. 计算机病毒是通过电网进行传播的

    D. 计算机病毒是由于程序中的逻辑错误造成的

12. 下面关于 USB 的叙述中，错误的是（　　　　）。

    A. USB 的中文名为"通用串行总线"

    B. USB2.0 的数据传输率大大高于 USB1.1

    C. USB 具有热插拔与即插即用的功能

    D. USB 接口连接的外部设备（如移动硬盘、U 盘等）必须另外供应电源

13. 计算机内部采用的数制是（　　　　）。

    A. 十进制   B. 二进制

    C. 八进制   D. 十六进制

14. 在标准 ASCII 码表中，英文字母 a 和 A 的码值之差的十进制值是（　　　　）。

    A. 20   B. 32   C. −20   D. −32

15. 下面关于随机存取存储器（RAM）的叙述中，正确的是（　　　　）。

    A. 静态 RAM(SRAM)集成度低，但存取速度快且无须"刷新"

    B. DRAM 的集成度高且成本高，常做 Cache 用

    C. DRAM 的存取速度比 SRAM 快

    D. DRAM 中存储的数据断电后不会丢失

16. 有如下软件：（1）Office 2003；（2）Windows XP；（3）UNIX；（4）AutoCAD；（5）Oracle；（6）Photoshop。

属于应用软件的是（　　　　）。

    A. （1）（4）（5）（6）

    B. （1）（3）（4）

    C. （2）（4）（5）（6）

    D. （1）（4）（6）

17. 组成 CPU 的主要部件是（　　　　）。

    A. 运算器和控制器

    B. 运算器和存储器

    C. 控制器和寄存器

    D. 运算器和寄存器

18. 下列关于汉字编码的叙述中，错误的是（　　　　）。

    A. BIG5 码是通行于香港和台湾地区的繁体汉字编码

    B. 一个汉字的区位码就是它的国标码

    C. 无论两个汉字的笔画数目相差多大，但它们的机内码的长度是相同的

    D. 同一汉字用不同的输入法输入时，其输入码不同但机内码却是相同的

19. 十进制数 39 转换成无符号二进制整数是（　　　　）。

    A. 100011   B. 100101   C. 100111   D. 100011

20. 汉字的区位码由一个汉字的区号和位号组成。其区号和位号的范围各为（　　　　）。

    A. 区号 1～95，位号 1～95

    B. 区号 1～94，位号 1～94

    C. 区号 0～94，位号 0～94

    D. 区号 0～95，位号 0～95

二、基本操作题（不限制操作的方式）

注意：下面出现的"考生文件夹"均为 C:\15900219。

1. 在考生文件夹下 KUB 文件夹中新建名为 BRNG 的文件夹。

2. 将考生文件夹下 BINNA\AFEW 文件夹中的 LI.DOC 文件复制到考生文件夹下。

3. 将考生文件夹下 QPM 文件夹中 JING.WRI 文件的"只读"属性撤销。

4. 搜索考生文件夹中的 AUTXIAN.BAT 文件，然后将其删除。

为考生文件夹下 XIANG 文件夹建立名为 KXIANG 的快捷方式，并存放在考生文件夹下的 POB 文件夹中。

三、字处理

在考生文件夹下，打开文档 WORD.DOCX，按照要求完成下列操作并以该文件名（WORD.DOCX）保存文档。

1. 在考生文件夹下，打开文档 WORD1.DOCX，按照要求完成下列操作并以该文件名（WORD1.DOCX）保存文档。

（1）将文中所有错词"摹拟"替换为"模拟"；将标题段（"模/数转换"）文字设置为三号、红色、18pt 发光，强调文字颜色 2，黑体、居中，字符间距加宽 2 磅。

（2）将正文各段文字（"在工业控制……采样和量化。"）设置为小四号仿宋；各段落悬挂缩进 2 字符、段前间距 0.5 行、行距为 1.25 倍。

（3）将文档页面的纸张大小设置为"16 开"，左右页边距各为 3 厘米；在页面顶端（页眉）右侧插入罗马 3 型页码。

2. 在考生文件夹下，打开文档 WORD2.DOCX，按照要求完成下列操作并以该文件名（WORD2.DOCX）保存文档。

（1）将表格标题（"Turbo C 环境下 int 和 long 型数据的表示范围"）中的中文设置为三号宋体、英文设置为三号 BaTang、加粗、居中，字符间距为紧缩 1.5 磅；在表格第 2 行第 3 列和第 3 行第 3 列单元格中分别输入:设置表格居中、表格中所有内容水平居中；表格中的所有内容设置为四号宋体。

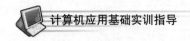

（2）设置表格列宽为 3 厘米，行高 0.7 厘米，外框线为红色 1.5 磅双窄线，内框线为红色 1 磅单实线；设置第 1 行单元格底纹为"茶色，背景 2，深色 25%"。

四、电子表格

1. 打开工作簿文件 EXCEL.XLSX：

（1）A1：E1 单元格合并为一个单元格，内容水平居中，计算"总计"行的内容，将工作表命名为"连锁店销售情况表"。

（2）选取"连锁店销售情况表"的 A2：E8 单元格的内容建立"簇状柱形图"，图例靠右，插入到表的 A10：G25 单元格区域内。

2. 打开工作簿文件 EXC.XLSX，对工作表"产品销售情况表"内数据清单的内容按主要关键字"产品名称"的降序次序和次要关键字"分公司"的降序次序进行排序，完成对各产品销售额总和的分类汇总，汇总结果显示在数据下方，工作表名不变，保存 EXC.XLSX 工作簿。

五、演示文稿

打开考生文件夹下的演示文稿 YSWG.PPTX,按照下列要求完成对此文稿的修饰并保存。

1. 使用"模块"主题修饰全文，放映方式为"观众自行浏览"。

2. 在第一张幻灯片前插入版式为"两栏内容"的新幻灯片，标题为"北京市出租车每月每车支出情况"，将考生文件夹下的图片文件 PPT1.JPEG 插入到第一张幻灯片右侧内容区，将第二张幻灯片第二段文本移到第一张幻灯片左侧内容区，图片动画设置为"进入""十字形扩展"，效果选项为"缩小"，文本动画设置为"进入""浮入"，效果选项为"下浮"。第二张幻灯片的版式改为"垂直排列标题与文本"，标题为"统计样本情况"。第四张幻灯片前插入版式为"标题幻灯片"的新幻灯片，主标题为"北京市出租车驾驶员单车每月支出情况"，副标题为"调查报告"。第五张幻灯片的版式改为"标题和内容"，标题为"每月每车支出情况表"，内容区插入 13 行 2 列表格，第 1 行第 1、2 列内容依次为"项目"和"支出"，第 13 行第 1 列的内容为"合计"，其他单元格内容根据第三张幻灯片的内容，按项目顺序依次填入。删除第三张幻灯片，前移第三张幻灯片，使之成为第一张幻灯片。

六、网络题

同时向下列两个 E-mail 地址发送一个电子邮件（注：不准用抄送），并将考生文件夹下的一个 Word 文档 table.doc 作为附件一起发出去。具体如下：

【收件人 E-mail 地址】wurj@bj163.com 和 kuohq@263.net.cn。

【主题】统计表。

【函件内容】"发去一个统计表，具体见附件。"

综合练习 5

一、单选题

1. 下列叙述中，正确的是（　　　）。

A. 一个字符的标准 ASCII 码占一个字节的存储量，其最高位二进制总为 0

B. 大写英文字母的 ASCII 码值大于小写英文字母的 ASCII 码值

C. 同一个英文字母（如 A）的 ASCII 码和它在汉字系统下的全角内码是相同的

D. 一个字符的 ASCII 码与它的内码是不同的

2. 计算机硬盘的存储容量若以 GB 计算，1GB 可以换算为（　　　　）。

    A. 1024　　　　　　　　　　B. 1024K

    C. 1024KB　　　　　　　　　D. 1024MB

3. 十进制数 5555 转换为二进制数是（　　　　）。

    A. 1010110110011B

    B. 1101000001010B

    C. 1001110101110B

    D. 1010110101110B

4. 计算机中使用 Cache 的目的是（　　　　）。

    A. 为 CPU 访问硬盘提供暂存区

    B. 缩短 CPU 等待读取内存的时间

    C. 扩大内存容量

    D. 提高 CPU 的算术运算能力

5. 计算机软件分系统软件和应用软件两大类，系统软件的核心是（　　　　）。

    A. 数据库管理系统

    B. 操作系统

    C. 程序语言系统

    D. 财务管理系统

6. 下列叙述中，正确的是（　　　　）。

    A. 计算机病毒只在可执行文件中传染

    B. 计算机病毒主要通过读写移动存储器或在 Internet 中进行传播

    C. 只要删除所有感染了病毒的文件就可以彻底消除病毒

    D. 计算机杀病毒软件可以查出和清除任意已知的和未知的计算机病毒

7. 计算机系统是由（　　　）组成的。

    A. 主机及外围设备

    B. 主机键盘显示器和打印机

    C. 系统软件和应用软件

    D. 硬件系统和软件系统

8. 在 Windows 7 中，右键单击某个对象时，会弹出（　　　　）菜单。

    A. 控制　　　　　　　　　　B. 应用程序

    C. 快捷　　　　　　　　　　D. 窗口

9. 在 PowerPoint 2010 中，通过（　　　　）可以在对象之间复制动画效果。

    A. 格式刷

    B. 动画刷

    C. 在【动画】选项卡的【动画】组中进行设置

    D. 在【开始】选项卡【剪贴板】组的【粘贴选项】中进行设置

10. 汉字国标码(GB 2312—1980)把汉字分成（　　　　）。

A. 简化字和繁体字两个等级

B. 一级汉字，二级汉字和三级汉字三个等级

C. 一级常用汉字，二级次常用汉字两个等级

D. 常用字，次常用字，罕见字三个等级

11. 在 Excel 2010 中，以下（　　　）是对单元格的绝对引用。

    A. A2　　　　　　B. A$2　　　　　　C. $A2　　　　　　D. A2

12. A/D 转换器的功能是将（　　　）。

A. 声音转换为模拟量

B. 模拟量转换为数字量

C. 数字量转换为模拟量

D. 数字量和模拟量混合处理

13. 在多媒体中,对模拟波形声音进行数字化（如制作音乐 CD. 时，常用的标准采样频率为（　　　）。

    A. 44.1kHz　　　　　　　　　　B. 1024kHz

    C. 4.7GHz　　　　　　　　　　D. 256Hz

14. （　　　）标准是用于视频影像和高保真声音的数据压缩标准。

    A. MPEG　　　　　　　　　　B. PEG

    C. JPEG　　　　　　　　　　D. JPG

15. 把连续的影视和声音信息经过压缩后，放到网络媒体服务器上，让用户边下载边收看，这种专门的技术称作为（　　　）。

    A. 流媒体技术　　　　　　　　B. 数据压缩技术

    C. 多媒体技术　　　　　　　　D. 现代媒体技术

16. 以下描述错误的是（　　　）。

A. 位图图像由数字阵列信息组成，阵列中的各项数字用来描述构成图像的各个像素点的亮度和颜色等信息

B. 矢量图中用于描述图形内容的指令可构成该图形的所有直线、圆、圆弧、矩形、曲线等图元的位置，维数和形状等

C. 矢量图不会因为放大而产生马赛克现象

D. 位图图像放大后，不会产生马赛克现象

17. JPEG 格式是一种（　　　）。

A. 能以很高压缩比来保存图像而图像质量损失不多的有损压缩方式

B. 不可选择压缩比例的有损压缩方式

C. 不支持 24 位真彩色的有损压缩方式

D. 可缩放的动态图像压缩格式

18. 以下有关补间动画，叙述错误的是（　　　）。

A. 中间的过渡帧由计算机通过首尾帧的特性以及动画属性要求来计算得到

B. 补间动画需要建立动画过程的首尾两个关键帧的内容

C. 补间动画中的每一帧都必须由人工重新设计

D. 当帧频率达到足够的数量时，才能看到比较连续的视频动画

19. IPv6 中 IP 地址的二进制位数为（　　　）位。

A. 32   B. 48   C. 128   D. 64

20. 组成计算机指令的两部分是（   ）。

A. 数据和字符

B. 操作码和地址码

C. 运算符和运算数

D. 运算符和运算结果

21. IP 协议是一个用于（   ）的协议。

A. 传输控制   B. 协议转换

C. 域名转换   D. 网际互联

22. 在电子邮件服务中，（   ）协议用于邮件客户端将邮件发送到服务器。

A. POP3   B. IMAP   C. SMTP   D. ICMP

23. （   ）不属于网络安全技术。

A. 数据加密技术   B. 防火墙技术

C. 病毒防治技术   D. 虚拟现实技术

24. 计算机病毒是（   ）。

A. 一段计算机程序或一段代码   B. 细菌

C. 害虫   D. 计算机炸弹

25. 如果使用 IE 上网浏览网站信息，所使用的是互联网的（   ）服务。

A. FTP   B. Telnet

C. 电子邮件   D. WWW

二、填空题

1. 物质、能源和_____是人类社会赖以生存、发展的三大重要资源。

2. 信息的基本存储单位是字节，每个字节包含_____个二进制位。

3. 在 Excel 中，在 A2 和 B2 单元格中分别输入数值 320 和 316，当选定 A2:B2 区域，用鼠标拖动填充柄到 C2 单元，C2 单元中的值是_____。

4. 在图像中用 16 位二进制数来表示像素色彩位数时，能表示_____种不同的颜色。

5. IP 地址 192.168.50.1 属于_____类地址。

三、Windows 操作

1. 在 C:\KS 文件夹下创建两个文件夹：classA、classB；在 C:\KS 文件夹中建立名为"记事本"的快捷方式，指向 Windows 7 的系统文件夹中的应用程序 notepaD.exe。

2. 在 C:\KS 文件夹下创建一个文本文件，文件名为 test.txt，内容为"班级姓名学号"，修改其属性为只读。

四、Office 操作

1. 启动 Word 2010，打开 C:\素材\Word.docx 文件，参照样张，按下列要求及参照样张操作，将结果以原文件名存入 C:\KS 下。

（1）设置标题为"艺术字库"中第 3 行第 1 列的样式，字体为华文新魏，字号为 36，文本的阴影效果为"向右偏移"，发光效果为"蓝色、8pt 发光、强调文字颜色 1"，上下型环绕，居中对齐。

（2）将正文中所有段落首行缩进 2 字符，段后间距为 12 磅，给第一段添加带阴影的、蓝色、3 磅边框。将第三段落分为二栏，栏间加分隔线，并设置首字下沉 3 行，下沉字体为楷体、加粗、紫色。

（3）按下图所示的样张，插入素材文件夹中的图片"picture.jpg"，设置图片的高度和宽度都缩小到原图片的 40%，并添加 3 磅、蓝色的双线边框，按样张放在适当的位置。

气候变暖

大量历史证据显示，大气中不断增多的二氧化碳温暖了地球。我们燃烧化石燃料，使得大气中的二氧化碳含量从工业化前期的 $280×10^{-6}$ 飙升到目前的 $387×10^{-6}$。研究小组则把安全界限设定为 $350×10^{-6}$。

事实上，早在 20 年前，大气中的二氧化碳含量就已经超过了安全界限。那么，既然已经超过了，为什么还要将 $350×10^{-6}$ 作为安全界限呢？如果这个安全界限属实的话，为什么在超过之后，我们仍然健在。研究小组给出的答案是，过量二氧化碳带来的影响不是瞬间的，而是长远的。它的影响就像滚雪球一样，越积越多，直至给人类带来毁灭性的灾难。我们之所以现在还健在，是因为这个雪球还在壮大中。由二氧化碳直接造成的每 1 摄氏度升温都被其他反馈作用所增强。海冰消融后暴露出深色海洋，意味着地球将吸收更多的太阳热量。温度越高，水蒸气发越快，因此大气中的水蒸气含量增加，这是另一种潜在的大气保温气体。

这些反馈作用带来的负面效应正是研究人员最为担心的。他们警戒世人，由二氧化碳造成气温上升 1 摄氏度，会通过反馈作用最终使气温升高约 3 摄氏度。另外，地球升温可能带来更恶劣的影响。一些气候学家强调

还有其他缓慢的反馈作用。例如，暖和的大气最终会打破二氧化碳和甲烷固有的稳定状态。据此推理，假如二氧化碳造成气温上升 1 摄氏度，则最终的结果是气温升高 6 摄氏度。

这实在是一件棘手的事情。不过，值得庆幸的是，我们还有补救的时间，因为那些缓慢的反馈作用可能需要花费一定时间。但是，这个补救的时间并不长。我们一定要牢牢把握住。

2. 启动 PowerPoint 2010，打开 C:\素材\Power.pptx 文件，按下列要求操作，将结果以原文件名存入 C:\KS 文件夹。

（1）将演示文稿的主题更改为"沉稳"，然后将主题颜色更改为"华丽"，主题字体更改为"透视"；设置每张幻灯片的切换效果为"水平，百叶窗"，在 2 秒后自动切换

（2）在第 2 张幻灯片上，对文本应用"擦除"进入动画；隐藏第 3 张幻灯片的背景图形。

五、网页设计

利用 C:\KS\wy 文件夹中的素材（图片素材在 wy\images 中，动画素材在 wy\flash 中），按以下要求制作或编辑网页，结果保存在原文件夹中。

1. 打开主页 index.html，设置网页标题为"美丽的周庄欢迎你"；设置网页背景图片为

bg.jpg；设置表格属性：居中对齐、边框线宽度、单元格填充设为 0，单元格间距设置为 10。

2. 设置"周庄简介"文字格式的字体为华文新魏，大小为 36px，颜色为"#325138"，粗体，居中显示。

3. 第 2 行第 2 列中的文字的首行缩进 2 个汉字位置；合并第 3 行的第 1～3 列单元格，插入水平线，水平线的颜色为#325138。

4. 在第 5 行第 1 列单元格中，插入表单及相关内容：用户名、密码添加单行文本域（文本框），宽度均为 20 字符，其中密码文本域（文本框）的类型（属性）为密码，并添加"提交"和"重置"两个按钮。

5. 在第 1 行第 3 列中插入图片 zhou3.jpg；设置第 5 行第 3 列中文字"东庄积雪"链接到网页 dong.html，并能在新窗口中打开；在"版权所有周庄旅游网"文字中插入版权符号。

注意：下图所示样张仅供参考，相关设置按题目要求完成即可。由于显示器分辨率或窗口大小的不同，网页中文字的位置可能与样张略有差异，图文混排效果与样张大致相同即可；由于显示器颜色差异，做出结果与样张存在色差也是正常的。

周庄简介

　　始建于1086年的古镇周庄，因邑人周迪功先生捐地修全福寺而得名，是春秋时为吴王少子摇的封地，名为贞丰里，是隶属于江苏浑省昆山市和上海交界处的一个典型的江南水乡小镇，江南六大古镇之一。于2003年被评为中国历史文化名镇。最为著名的景点有：沈万三故居、富安桥、双桥、沈厅、怪楼、周庄八景等。富安桥是江南仅存的立体形桥楼合壁建筑；双桥则由两桥相连为一体，造型独特；沈厅为清式院宅，整体结严整，局部风格各异；此外还有澄虚道观、全福讲寺等。周庄有"中国第一水乡"之美誉。

会员登录		周庄八景
用户名：	全福晓钟	东庄积雪
密码：	指归春望	庄田落雁
提交 重置	周庄永庆阁	急水扬帆
	蚬江渔唱	南湖秋月

版权所有©周庄旅游网

六、多媒体操作

1. 图像处理

在 Photoshop 软件中，参照下图所示的样张，完成以下操作。

（1）打开 C:\素材\picture1.jpg、hanD.jpg、ball.jpg。

（2）将 picture1.jpg 中天空部分复制到图片下方，并使用蒙版、黑白渐变实现样张效果。

（3）将 hanD.jpg、ball.jpg 分别合成到 picture1.jpg 中，并根据样张进行适当的调整。

（4）对地球图层设置 40 像素大小的外发光样式效果。

（5）输入文字：保护地球（华文新魏、60 点）并设置色谱的渐变叠加效果。

将结果以 photo.jpg 为文件名保存在 C:\KS 文件夹中。结果保存时请注意文件位置、文件名及 JPEG 格式。

2．动画制作

打开 C:\素材文件夹中的 sC.fla 文件，参照样张（Yangli.swf）制作动画（"样张"文字除外），制作结果以 donghuA.swf 为文件名导出影片并保存在 C:\KS 文件夹中。注意：添加并选择合适的图层。

【操作提示】

（1）设置影片大小为 400×300px，帧频为 12 帧/秒。

（2）将"书卷"元件作为整个动画的背景，显示至第 80 帧。

（3）新建图层，将"树枝"元件放置在该图层，创建树枝从第 1 帧到 30 帧，再到 60 帧上下摇动的动画效果，显示至第 80 帧。

（4）新建图层，利用"文字 1"元件和"文字 2"元件，创建动画效果：从第 1 帧到第 25 帧静止显示"青青绿草"，第 26 帧到第 50 帧逐渐变为"请勿踩踏"，静止显示至第 80 帧。

（5）新建图层，利用"幕布"元件，从第 1 帧到 54 帧在左边静止，并创建从第 55 帧到第 80 帧拉上幕布的效果。

（6）在合适的位置上加上自己的学号、姓名、班级，文字的字体颜色自定，并让其从 1 帧显示至第 80 帧。

综合练习 6

一、单选题

1. 有线传输介质中传输速度最快的是（　　）。
   A. 电话线　　　　B. 双绞线　　　　C. 红外线　　　　D. 光纤
2. 字符比较大小实际是比较它们的 ASCII 码值，正确的比较是（　　）。
   A. 'A'比'B'大　　B. 'H'比'h'小　　C. 'F'比'D'小　　D. '9'比'D'大
3. 存储一个 24×24 点的汉字字形码需要（　　）。
   A. 32 字节　　　B. 48 字节　　　C. 64 字节　　　D. 72 字节
4. 下列设备组中，完全属于外围设备的一组是（　　）。
   A. CD-ROM、CPU、键盘、显示器
   B. 激光打印机、键盘、CD-ROM、鼠标器
   C. 内存储器、CD-ROM、扫描仪、显示器
   D. 打印机、CPU、内存储器、硬盘
5. DVD-ROM 盘上的信息（　　）。
   A. 可以反复读和写　　　　　　B. 只能读出
   C. 可以反复写入　　　　　　　D. 只能写入
6. 目前应用越来越广泛的 U 盘属于（　　）技术。
   A. 刻录　　　　　　　　　　　B. 移动存储
   C. 网络存储　　　　　　　　　D. 直接连接存储
7. 计算机之所以能按人们的意图自动进行工作，最直接的原因是因为采用了（　　）。
   A. 二进制　　　　　　　　　　B. 高速电子元件
   C. 程序设计语言　　　　　　　D. 存储程序控制
8. Windows 7 的桌面是指（　　）。
   A. 当前窗口　　　　　　　　　B. 任意窗口
   C. 全部窗口　　　　　　　　　D. 整个屏幕
9. 数据传输速率的单位是（　　）。
   A. 帧/秒　　　　　　　　　　　B. 文件数/秒
   C. 二进制位/秒　　　　　　　　D. 米/秒
10. 在 Excel 工作表的单元格中输入公式时,应先输入（　　）号。
    A. =　　　　　　B. &　　　　　　C. @　　　　　　D. %
11. 在 B 中，执行"粘贴"操作后（　　）。

A. 剪贴板中的内容被清空

B. 剪贴板中的内容不变

C. 选择的对象被粘贴到剪贴板

D. 选择的对象被录入到剪贴板

12. 域名 MH.BIT.EDU.CN 中主机名是（　　　）。

A. MH　　　　　B. EDU　　　　　C. CN　　　　　D. BIT

13. 在多媒体中，对模拟波形声音进行数字化时，常用的标准采样频率为（　　　）。

A. 44.1kHz　　　B. 1024kHz　　　C. 4.7GHz　　　　D. 256Hz

14. 关于 JPEG 图像格式，以下说法正确的是（　　　）。

A. 是一种无损压缩格式

B. 具有不同的压缩级别

C. 可以存储动画

D. 支持同时保存多个原始图层

15. （　　　）不属于多媒体计算机可以利用的视频设备。

A. 显示器　　　　　　　　　　B. 摄像头

C. 数码摄像机　　　　　　　　D. MIDI 设备

16. 在 Windows 7 中，录音机录制的声音文件的扩展名是（　　　）。

A. MID　　　　　B. WMA　　　　C. AVI　　　　　D. WAV

17. （　　　）不是计算机中使用的声音文件格式。

A. WAV　　　　　B. MP3　　　　C. TIF　　　　　D. MID

18. 流媒体技术的基础是（　　　）技术。

A. 数据传输　　　　　　　　　B. 数据压缩

C. 数据存储　　　　　　　　　D. 数据运算

19. 下面对 IP 地址分配的描述中错误的是（　　　）。

A. 网络 ID 不能全为 1

B. 网络 ID 不能全为 0

C. 网络 ID 不能以 127 开头

D. 同一网络上的每台主机必须有不同的网络 ID

20. 关于防火墙，下列说法中正确的是（　　　）。

A. 防火墙主要是为了查杀内部网之中的病毒

B. 防火墙可将未被授权的用户阻挡在内部网之外

C. 防火墙主要是指机房出现火情时报警

D. 防火墙能够杜绝各类网络安全隐患

21. 关于无线网络设置，下列说法正确的是（　　　）。

A. SSID 是无线网卡的厂商名称

B. AP 是路由器的简称

C. 无线安全设置是为了保护路由器的物理安全

D. 家用无线路由器往往是 AP 和宽带路由器二合一的产品

22. 在因特网域名中，edu 通常表示（　　　）。

A. 商业组织　　　　　　　　　B. 教育机构

C. 政府部门　　　　　　　　　D. 军事部门

23. 有线电视线是通过（　　　）接入上网。

A. ADSL　　　　B. ISDN　　　　C. Cable Modem　　　　D. DDN

24. （　　　）不是决定局域网特性的主要技术要素。

A. 网络拓扑

B. 介质访问控制方法

C. 传输介质

D. 域名系统

25. 用 8 位二进制数能表示的最大的无符号整数等于十进制整数

A. 255　　　　B. 256　　　　C. 128　　　　D. 127

二、填空题

1. 在计算机中，西文字符所采用的编码是_____。
2. 无符号二进制整数 100101 转换成十进制整数等于_____。
3. 在 Excel 中，为了进行分类汇总，必须先对关键字段进行_____。
4. 已知汉字"家"的区位码是 2850，则其国标码是_____。
5. 当前使用最广泛的互联网协议是_____协议，主要包括传输控制协议和互联网协议。

三、Windows 操作

1. 在 C:\KS 文件夹中建立名为 PAD 的快捷方式，指向 Windows 7 的系统文件夹中的应用程序 notepaD.exe，并指定快捷键为<Ctrl+Shift+J＞。

2. 将 C:\素材\tu.jpg 复制到 C:\KS 文件夹中，并更名为 tree.jpg。

四、Office 操作

1. 启动 Excel 2010，打开 C:\素材\Excel.xlsx 文件，在 sheet1 中按下列要求，并参照样张操作，将结果以原文件名存入 C:\KS 下。

计算实际金额（＝销售金额+销售金额×增长率）、实际利润（=实际金额×均利润率），以及实际金额、实际利润的平均值。

以"销售地"递增方式对表 1 中的数据进行排序；用条件格式将实际利润列中数据大于10 000 的单元格设置为"紫色文字、橙色背景、加粗"。

将标题设置为：华文楷体、18 磅、粗体、红色，合并居中 A1：F1 单元格，给表格加上双线外边框、单线内边框。将所有与货币有关的数据改成会计专用格式。

按照下图所示样张，在 A21：F35 区域中创建图表，图表标题为"三大公司实际利润数据图"，字体大小为 18. 宋体，其他所有数据字体大小 12，修改图表中柱形的颜色，图表边框改为圆角。

2. 启动 PowerPoint 2010，打开 C:\素材\Power.pptx 文件，按下列要求操作，将结果以原文件名存入 C:\KS 文件夹。

在第 2 张幻灯片上，插入 C:\素材\tu.jpg 图片，设置图片效果为发光效果中的第 4 行第 3列效果，放置在幻灯片下方居中；在第 3 张幻灯片上，对图片添加弹跳进入的动画效果。

将演示文稿的主题更改为"凸显"（提示：该主题是白色底纹有红圈），隐藏第一张幻灯片的背景图形；将每张幻灯片设置为"垂直随机线条"的细微型切换方式。

五、网页设计

利用 C:\KS\wy 文件夹中的素材（图片素材在 wy\images 中，动画素材在 wy\flash 中），按以下要求制作或编辑网页，结果保存在原文件夹中。

1. 打开主页 index.html，设置网页标题为"异地高考"；设置网页背景图片为 bg.jpg；设置表格属性：居中对齐、边框线宽度、单元格填充，间距设置为 0。

2. 合并第 1 行第 1 列和第 2 行第 1 列的单元格，并在其中插入图片 yidi.jpg，图片格式为：宽度 236 像素，高度 139 像素，超链接到 http://sh.163.com.cn。

3. 设置"异地高考"的文字格式：字体为黑体，大小为 36px，居中显示；第 2 行第 2 列中的正文首行缩进 2 个汉字位置。

4. 在"问卷调查"文字前添加水平线，水平线的颜色为#0099CC；删除文字"问卷调查"，插入 wjdC.swf 动画，将动画设置为：宽度 600 像素，高度 60 像素。

5. 在最后一行第 2 列中插入表单及相关元素，表单文字内容来自"问卷调查.txt"文件，设置单选按钮组中的"说不清楚"为默认选项，插入默认大小的多行文本区域，添加两个按钮"提交"和"重置"。

（注意：下图所示的样张仅供参考，相关设置按题目要求完成即可。由于显示器分辨率或窗口大小的不同，网页中文字的位置可能与样张略有差异，图文混排效果与样张大致相同即可；由于显示器颜色差异，做出结果与样张图片中存在色差也是正常的。）

异地高考

随着大量城市流动人口和进城务工农民工在异地工作时间的推移，其子女在流入地参加高考的问题日益迫切。2011年3月，教育部部长袁贵仁在列席十一届全国人大四次会议时表示，教育部目前正在和上海、北京研究，逐步推进异地高考。2012年3月，袁贵仁在全国政协十一届五次会议开幕会上透露，异地高考改革方案将在10个月内出台。

问卷调查

你赞同异地高考吗？

○ 不同意
○ 完全赞同
◉ 说不清楚

友情链接

网站地图

意见建议

你的意见

提交　重置

六、多媒体操作

1. 图像处理

在 Photoshop 软件中，参照下图所示的样张（"样张"文字除外），完成以下操作：

（1）打开 C:\素材\long.jpg、wenli.jpg。

（2）将 loong.jpg 图片中的龙身合成到 wenli.jpg 图片中。

（3）对龙身设置斜面和浮雕效果，其样式为枕状浮雕，大小为 16 像素。

（4）更改该图层的图层混合模式，设法使龙身同样具有木质效果。

（5）输入文字：中国龙（华文琥珀、60 点、颜色#d7c43b）并设置距离 10 像素的投影效果。

将结果以 photo.jpg 为文件名保存在 C:\KS 文件夹中。结果保存时请注意文件位置、文件名及 JPEG 格式。

2. 动画制作

打开 C:\素材文件夹中的 sC.fla 文件，参照样张（Yangli.swf）制作动画（"样张"文字除外），制作结果以 donghuA.swf 为文件名导出影片并保存 C:\KS 文件夹中。注意：添加并选择合适的图层。

【操作提示】

（1）设置影片大小为 400×300px，帧频为 12 帧/秒。

（2）将"元件 2"适当调整大小后放在中心，制作在第 1~9 帧保持静止，第 10~20 帧逐渐变大的动画效果，并显示至 80 帧。

（3）新建图层，在第 20~40 帧制作"元件 1"淡入的动画效果，并显示至 80 帧。

（4）新建图层，在第 41~60 帧制作放大后的"元件 2"变化为"旧上海浮光掠影"元件文字的动画效果，并显示至 80 帧。

（5）新建图层，利用"幕布"元件，从第 1 帧到 59 帧在左边静止，并创建从第 60 帧到第 80 帧拉上幕布的效果。

（6）在合适的位置上加上自己的学号、姓名、班级，文字的字体颜色自定，并让其从 1 帧显示至第 80 帧。

综合练习 7

一、单选题

1. （　　）是打印机技术指标的表示单位。

    A. GB   B. dpi   C. bps   D. MHz

2. （　　）不属于外部存储器。

    A. 软盘   B. 硬盘

    C. 高速缓存   D. 磁带

3. 当计算机系统处理一个汉字时，（　　）是正确的。

    A. 该汉字采用 ASCII 码进行存储

    B. 该汉字占用 1 个字节存储空间

    C. 该汉字在不同的输入方法中具有相同的输入码

    D. 使用输出码进行显示和打印

4. 计算机的机器指令一般由两部分组成，它们是（　　）和操作数。

    A. 时钟频率

    B. 指令长度码

    C. 操作码

    D. 地址码

5. 将通信的明文通过（   ），就可以得到密文。
   A. 解密   B. 加密
   C. 转化为二进制   D. 转化为八进制

6. 十进制数 8888 转换为二进制数是（   ）。
   A. 10001010111000B
   B. 10011010111000B
   C. 10111010111000B
   D. 11011010111000B

7. 微波线路通信的主要缺点是（   ）。
   A. 传输差错率大
   B. 传输距离比较近
   C. 传输速率比较慢
   D. 只能直线传播，受环境条件影响较大

8. 在数据通信中，信号传输的信道可分为（   ）和逻辑信道。
   A. 连接信道   B. 数据信道
   C. 物理信道   D. 无线信道

9. 重新安装操作系统前，通常需要对磁盘进行（   ）。
   A. 磁盘格式化
   B. 磁盘清理
   C. 磁盘碎片整理
   D. 删除文件

10. Word 的查找、替换功能非常强大，下面的叙述中正确的是（   ）。
    A. 不可以指定查找文字的格式，只可以指定替换文字的格式
    B. 可以指定查找文字的格式，但不可以指定替换文字的格式
    C. 不可以按指定文字的格式进行查找及替换
    D. 可以按指定文字的格式进行查找及替换

11. 在 Excel 工作表的单元格中输入公式时，应先输入（   ）号。
    A. =   B. &   C. @   D. %

12. 在 PowerPoint 2010 中，通过（   ）可以在对象之间复制动画效果。
    A. 格式刷
    B. 动画刷
    C. 在【动画】选项卡的【动画】组中进行设置
    D. 在【开始】选项卡【剪贴板】组的【粘贴选项】中进行设置

13. （   ）不是计算机中使用的声音文件格式。
    A. WAV   B. MP3   C. TIF   D. MID

14. A/D 转换器的功能是将（   ）。
    A. 声音转换为模拟量
    B. 模拟量转换为数字量
    C. 数字量转换为模拟量
    D. 数字量和模拟量混合处理

15. 采用流媒体技术的主要目的是（　　　　）。

    A. 提高多媒体内容的分辨率

    B. 减少用户下载整个多媒体文件时所需的时间

    C. 让用户选择只下载声音或只下载视频，以此减少下载数据量

    D. 让用户边下载边播放多媒体内容

16. 如果在本机某媒体播放器上不能播放某种格式的影音文件，可以通过下载相应的（　　　）来解决。

    A. 编码器　　　　　　　　　　B. 解码器

    C. 浏览器　　　　　　　　　　D. 打印机驱动程序

17. 属于多媒体集成工具软件的是（　　　）。

    A. Photoshop　　　　　　　　B. Flash

    C. Ulead Audio Editor　　　　D. Authorware

18. B 类 IP 地址的第一段取值介于（　　　）之间。

    A. 1 ~ 127　　　　　　　　　B. 192 ~ 215

    C. 216 ~ 256　　　　　　　　D. 128 ~ 191

19. Internet 上的计算机互相通信所必须采用的协议是（　　　）。

    A. X.25　　　　　　　　　　B. TCP/IP

    C. CSMA/CD　　　　　　　　D. PPP

20. 连入网络中的计算机，（　　　）。

    A. 必须都是微型计算机

    B. 可以是不同类型的计算机

    C. 必须是同一个公司生产的计算机

    D. 必须是同一种型号的计算机

21. 以下属于合法 IP 地址的是（　　　）。

    A. 219:228:164:38

    B. 219. 228. 164. 38

    C. 219-228-164-38

    D. 219,228,164,38

22. 在现实中，可行的网络安全技术手段不包括（　　　）。

    A. 及时升级杀毒软件

    B. 使用数据加密技术

    C. 安装防火墙

    D. 使用没有任何漏洞的系统软件

23. （　　　）是在网页表单中的错误描述。

    A. 密码文本域输入值后显示为 "*"

    B. 多行文本域可以进行最大字符数设置

    C. 密码文本和单行文本域一样，都可以进行最大字符数的设置

    D. 多行文本域的行数设定以后，输入内容将不能超过设定的行数

24. 网页设计中，CSS 一般是指（　　　）。

    A. 层　　　　　　　　　　　B. 行为

  C. 样式表　　　　　　　　　　　D. 时间线

25. 在 Dreamweaver 中，超链接主要可以分为文本链接、图像链接和（　　　）。

  A. 锚链接　　　　　　　　　　　B. 声音链接

  C. 视频链接　　　　　　　　　　D. 数据链接

二、填空题

1. 在 Flash CS4 中，制作_____动画必须使用矢量图形对象才可以制作。

2. 在 Word 文档中可选用的段落对齐方式有左对齐、右对齐、居中对齐、分散对齐和_____对齐五种。

3. 在 Windows 中，各个应用程序之间可通过_____交换信息。

4. 光盘的类型有_____光盘、一次性写光盘和可擦写光盘三种。

5. Windows 操作系统属于单用户_____任务操作系统。

三、Windows 操作

1. 在 C:\KS 文件夹中，创建名为 YJA 和 YJB 的两个文件夹，在 YJA 文件夹中创建名为的 YJC 文件夹，并将 YJC 文件夹的属性设置为"只读"。

2. 在 C:\KS 中建立一个名为 JSB 的快捷方式，该快捷方式指向 notepaD.exe，并设置快捷键<Ctrl+Shift+J>。

四、Office 操作

1. 启动 Word 2010，打开 C:\素材\wordC.docx 文件，参照下图所示样张，按以下要求操作，将结果以原文件名另存在 C:\KS 文件夹中。

  （1）将主标题设成艺术字"填充−白色，投影"二号字体，副标题设置成黑体，小二号，居中，文本效果为"填充−蓝色，强调文字颜色 1，内部阴影−强调文字颜色 1"；将正文中的所有"病毒"文字设置成"红色，强调文字颜色2，淡色40%"并加粗。并设置正文段落首行缩进2个字符，段前、段后间距为0.5行，行距为最小值12磅。

（2）插入"防毒"图片，将图片缩小为20%，设置该图片样式为"金属框架"；将图片的自动换行设置为"四周型环绕"。

（3）将正文中的第四段分成等宽三栏，并加栏间分隔线；并将该段落的第一个文字设置首字下沉2行。

2. 启动PowerPoint 2010，打开C:\素材\PowerC.pptx文件，按下列要求操作，将结果以原文件名存入C:\KS文件夹。

（1）在幻灯片1上，对文本"落叶树和常绿树"应用"缩放"进入动画，并"按字母"发送动画文本；将所有幻灯片的主题更改为"新闻纸"（提示：该主题上有红色矩形）。

（2）将所有幻灯片的切换方式设置为："自左侧推进"的细微型切换方式；并在第一张幻灯片的右下角添加"结束"的动作按钮，该按钮与最后一张幻灯片相链接。

五、网页设计

利用C:\KS\wy文件夹中的素材（图片素材在wy\images中，动画素材在wy\flash中），按以下要求制作或编辑网页，结果保存在原文件夹中。

1. 打开主页index.html，设置网页标题为"兴趣爱好"；设置网页背景图像bg.jpg。设置外部表格属性：对齐方式居中、边框线宽度、单元格填充和间距都设置为0。

2. 按样张在内部嵌入表格的最右下角单元格中插入图片f04.jpg，设置宽度为100像素，高度为100像素，边框粗细为2。

3. 按样张将网页上部区域原文字"丰富多彩的兴趣"改为"兴趣是最好的老师"，字体格式设置为隶书、大小为36px，颜色为(#808000)，设置该单元格的内容水平居中对齐。

4. 按样张设置文字默认的项目列表。将文字"更多了解"链接到网页cg.htm，并能在新窗口中打开。在@2012的上方插入水平线。

5. 删除网页上方的"站内搜索"，按样张修改表单，设置"网页""图片"两个单选按钮，组名为R1，默认选中"图片"；在右边添加文本域和"搜索"按钮。

注意：样张仅供参考，相关设置按题目要求完成即可。由于显示器分辨率或窗口大小的不同，网页中文字的位置可能与样张略有差异，图文混排效果与样张大致相同即可；由于显示器颜色差异，做出结果与样张图片中存在色差也是正常的。

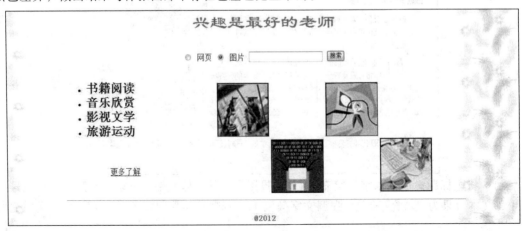

六、多媒体操作

1. 图像处理

在 Photoshop 软件中参照下图所示的样张，完成以下操作。

（1）打开 C:\素材\风景.jpg、画框.jpg。

（2）根据样张适当调整画框图像的大小和形状，设置图像大小为 670×440 像素。

（3）将"风景.jpg"合成到"画框.jpg"中，并适当调整大小。

（4）对风景设置黑色、正片叠底、大小为 8 像素、扩展 20% 的外发光图层样式效果。

（5）对画框中的相应部分设置强度为 80 的颗粒纹理的喷洒颗粒滤镜效果。

将结果以 photo.jpg 为文件名保存在 C:\KS 文件夹中。结果保存时请注意文件位置、文件名及 JPEG 格式。

2. 动画制作

打开 C:\素材文件夹中的 sC.fla 文件，参照样张（YangliC.swf）制作动画（"样张"文字除外），制作结果以 donghuA.swf 为文件名导出影片并保存在 C:\KS 文件夹中。注意：添加并选择合适的图层。

【操作提示】

（1）设置影片大小为 400×300px，帧频为 10 帧/秒。

（2）将"公路"元件放置在该图层，调整大小与影片大小相同，作为整个动画的背景，显示至第 60 帧。

（3）新建图层，将"车"元件放置在该图层，创建第 1~60 帧从左向右运动驶出场景的动画效果。

（4）新建图层，将"尾气"元件放置在该图层，创建尾气从第 25 帧到第 40 帧逐渐变大，从第 41 帧到第 50 帧从有到无的动画效果。

（5）新建图层，创建文字"注意保持环境卫生"，黑体，大小 36，使文字从第 1 帧到第 60 帧，由浅蓝色变为红色。

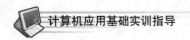

综合练习 8

一、单选题

1. （　　　）病毒绝不可能在操作系统启动后立即活动。
   A. 宏　　　　　　　　　　　　　　B. 文件型
   C. 复合型　　　　　　　　　　　　D. 系统引导型

2. 当前有线鼠标和主机之间的连接采用（　　　）接口的越来越多。
   A. USB　　　　　　　　　　　　　B. X.21
   C. RS－232　　　　　　　　　　　D. RS－449

3. 计算机的基本组成原理中所述五大部分包括（　　　）。
   A. CPU、主机、电源、输入和输出设备
   B. 控制器、运算器、高速缓存、输入和输出设备
   C. CPU、磁盘、键盘、显示器和电源
   D. 控制器、运算器、存储器、输入和输出设备

4. 美国科学家莫尔斯成功发明了有线电报和电码，拉开了（　　　）信息技术发展的序幕。
   A. 古代　　　　B. 第五次　　　　C. 近代　　　　D. 现代

5. 十六进制数 ABCDEH 转换为十进制数是（　　　）。
   A. 713710　　　　B. 703710　　　　C. 693710　　　　D. 371070

6. 为了保证计算机通信质量，相关通信设备的比特差错率（　　　）。
   A. 与数据传输质量无关　　　　B. 可为任意值
   C. 低于某个值即可　　　　　　D. 必须为 0

7. 以下各种类型的存储器中，（　　　）内的数据不能直接被 CPU 存取。
   A. 外存　　　　　　　　　　　　B. 内存
   C. Cache　　　　　　　　　　　　D. 寄存器

8. 在同步卫星通信系统中，为使通信覆盖整个赤道圆周至少需要（　　　）颗地球同步卫星。
   A. 1　　　　　　B. 2　　　　　　C. 3　　　　　　D. 4

9. Windows 中，关于文件夹的正确说法是（　　　）。
   A. 文件夹名不能有扩展名
   B. 文件夹名不可以与同级目录中的文件同名
   C. 文件夹名可以与同级目录中的文件同名
   D. 文件夹名在整个计算机中必须唯一

10. 剪贴板的作用是（　　　）。
    A. 临时存放应用程序剪贴或复制的信息
    B. 作为资源管理器管理的工作区
    C. 作为并发程序的信息存储区
    D. 在使用 DOS 时划给的临时区域

11. 桌面图标的排列方式可以通过（　　　）来进行设定。

A. 任务栏快捷菜单

B. 桌面快捷菜单

C. 任务按钮栏

D. 图标快捷菜单

12. 在 Word 中，查找的快捷键是（   ）。

    A. <Ctrl+H>   B. <Ctrl+G>

    C. <Ctrl+F>   D. <Ctrl+C>

13. （   ）不是扫描仪的主要性能指标。

    A. 分辨率   B. 连拍速度

    C. 色彩位数   D. 扫描速度

14. BMP 格式是一种常见的（   ）文件格式。

    A. 音频   B. 视频

    C. 图像   D. 动画

15. 当存储一幅像素数目固定的图像时，采用（   ）色彩范围表示的文件所占空间最大。

    A. 256 色   B. 16 位色

    C. 24 位色   D. 32 位色

16. 下列采集的波形声音质量最好的应为（   ）。

    A. 单声道，16 位量化，采样频率 22.05kHz

    B. 双声道，8 位量化，采样频率 44.1kHz

    C. 单声道，8 位量化，采样频率 22.05kHz

    D. 双声道，16 位量化，采样频率 44.1kHz

17. 以下属于多媒体集成工具软件的是（   ）。

    A. Photoshop   B. Flash

    C. Ulead Audio Editor   D. Authorware

18. 以下有关补间动画叙述错误的是（   ）。

    A. 中间的过渡补间帧由计算机通过首尾帧的特性以及动画属性要求来计算得到

    B. 创建补间动画需要安排动画过程中的每一帧画面

    C. 动画效果主要依赖于人的视觉暂留特征而实现的

    D. 当帧速率达到 12fps 以上时，才能看到比较连续的视频动画

19. 在图像的色彩空间模型中，RGB 模型主要由（   ）三组颜色光相互叠加而成的。

    A. 红、绿、蓝   B. 红、绿、黄

    C. 红、黄、黑   D. 黄、青、绿

20. （   ）协议是属于 TCP/IP 协议结构应用层的。

    A. UDP   B. IP

    C. TCP   D. Telnet

21. IPv4 中 IP 地址的二进制位数为（   ）位。

    A. 32   B. 48

    C. 128   D. 64

22. 以下属于文件传输的互联网协议是（   ）。

    A. FTP   B. Telnet   C. 电子邮件   D. WWW

23. 在星状局域网结构中，连接文件服务器与工作站的设备不可能是（　　）。

　　A. 调制解调器　　　B. 交换机　　　　C. 路由器　　　　　D. 集线器

24. （　　）是在 Dreamweaver 中对"超链接"的错误描述。

　　A. 可以在同一个网页文件内建立链接

　　B. 通过 E-mail 链接可以直接打开别人的邮箱

　　C. 外部链接是指向 WWW 服务器上的某个文件

　　D. 可以制作图像热点链接

25. 定义 HTML 文件主体部分的标记对是（　　）。

　　A. <title>…</title>

　　B. <body>…</body>

　　C. <head>…</head>

　　D. <html>…</html>

二、填空题

1. 网页表格的宽度可以用百分比和_____表示。

2. _____音频是将电子乐器演奏时的指令信息通过声卡上的控制器输入计算机或利用一些计算机处理软件编辑产生音乐指令集合。

3. 在 Word 中，按<_____+A>组合键可实现对整个文档的选择。

4. 在 Windows 中，将文件类型与一个应用程序设置_____以后，可以默认使用指定的应用程序打开该类型的文件。

5. 用_____语言编写的程序可以直接被计算机识别和执行。

三、Windows 操作

1. 在 C:\KS 下，创建 LA、LB 两个文件夹，然后在 LA 文件夹中创建 LS 二级文件夹；在 LS 二级文件夹创建文件 fps.txt，文件内容为"磁盘压缩"

2. 在 KS 文件夹中创建名为 HT 的快捷方式，并对应于"MSPAINT.EXE"项目位置。

四、Office 操作

1. 启动 Word 2010，打开 C:\素材\wordD.docx 文件，参照样张，按以下要求操作，将结果以原文件名另存在 C:\KS 文件夹中。

（1）设置标题"北京故宫"的文本效果为"填充–白色，轮廓–强调文字颜色 1"，一号字体，居中；并将全文中的文字"的"设置为标准色蓝色，加粗；正文首行缩进 2 字符，1.5 倍行距。

（2）为文档插入"新闻纸"页脚，并将页脚左侧的作者姓名修改为大写英文字母"SUN"。

（3）为正文中的第二段文字添加颜色为"红色，强调文字颜色 2，淡色 40%"，宽度为 3 磅的阴影边框；第三段设置段前一行；插入"故宫"图形，并缩小至 18%大小，创建"金属椭圆"的图片样式。按以下样张图文混排。

2. 启动 PowerPoint 2010，打开 C:\素材\PowerD.pptx 文件，按下列要求操作，将结果以原文件名存入 C:\KS 文件夹。

（1）将所有幻灯片的主题更改为"沉稳"（提示：该主题有深灰色背景），并将背景样式修改为"样式 5"；在每一张幻灯片下方插入日期和幻灯片编号，其中日期格式为"月/日/年"，要求能自动更新。

（2）在第 3 张幻灯片上，对图片应用"强调脉冲"动画；将所有幻灯片的切换方式设置为："自顶部棋盘"的华丽型切换方式，并设置每隔 2 秒自动换页。

五、网页设计

利用 C:\KS\wy 文件夹中的素材（图片素材在 wy\images 中，动画素材在 wy\flash 中），按以下要求制作或编辑网页，结果保存在原文件夹中。

1. 打开 index.html，设置网页标题为"印度旅游注意事项"。网页背景颜色设置为"#FFFFCC"。在表格第一行输入"注意事项"，设置字体为黑体，加粗，大小为 36px。

2. 设置表格宽度为页面的 90%，并居中对齐。设置表格第 2 行第 1 列宽度为 250 像素，第 2 列单元格宽度为 450 像素。

3. 表格第 2 行第 1 列中插入图片"印度 01.jpg"，宽度为 200，高度为 150，单击该图片可在新窗口中打开网页"http://www.baidu.com"。在第 2 列中分别将"简介.txt"中的文字复制到单元格中。

4. 修改第 2 行第 3 列中的表单如样张，将 Email 文本框的宽度设置为 30 个字符；在旅游时间后面添加复选按钮，"1—4""5—8""9—12"，默认为"1—4"；在国籍后面添加下拉列表，列表内容包含三项"美国""中国""印度"，默认为"中国"；表单最下方添加"递交"和"重填"按钮。

5. 合并第 3 行所有单元格，然后在其中插入一条水平线，颜色设置为"#99FF99"；将第 4 行中的文字"联系我们"设置为单击后可发送电子邮件到 a@A.com。

注意：样张仅供参考，相关设置按题目要求完成即可。由于显示器分辨率或窗口大小的不同，网页中文字的位置可能与样张略有差异，图文混排效果与样张大致相同即可；由于显示器颜色差异，做出结果与样张图片中存在色差也是正常的。

六、多媒体操作

1. 图像处理

在 Photoshop 软件中参照下图样张，完成以下操作：

（1）打开 C:\素材\pic01.jpg、pic02.jpg、pic03.jpg，按样张图像进行合成，并调整大小。

（2）将树叶所在的图层设置斜面与浮雕的图层样式。

（3）给合成后的图片添加 50～300 毫米变焦、亮度为 120%的镜头光晕滤镜效果。

（4）书写文字"山清水秀风光无限"，字体格式为华文行楷，大小 36 点，为文字添加"色谱"的渐变叠加，大小为 3 像素的白色外部描边的样式效果。

将结果以 photo.jpg 为文件名保存在 C:\KS 文件夹中。结果保存时请注意文件位置、文件名及 JPEG 格式。

2. 动画制作

打开 C:\素材文件夹中的 sC.fla 文件，参照样张（YangliD.swf）制作动画（"样张"文字除外），制作结果以 donghuA.swf 为文件名导出影片并保存在 C:\KS 文件夹中。注意：添加并选择合适的图层。

【操作提示】

（1）设置影片大小为 400×300px，帧频为 12 帧/秒。

（2）在第 1～10 帧，用"元件 1"制作水滴滴落的动画（水滴缩放调整为原来的 20%左右），并静止显示至 30 帧。

（3）新建图层，在第 10～30 帧，制作"元件 2"上升并淡入的动画效果，并显示至 60 帧。

（4）新建图层，在第 31～50 帧制作"元件 1"变化为"旧上海浮光掠影"文字的动画效果，显示至 60 帧。

（5）新建图层，创建文字"从旧照片看历史"，宋体，大小 36，使文字从第 1 帧到第 60
帧由红色变为蓝色。

附录B 综合练习部分参考答案

综合练习1

单选题：

1. A   2. C   3. B   4. A   5. D   6. C   7. B   8. C   9. A   10. B
11. C   12. C   13. D   14. A   15. A   16. A   17. A   18. A   19. A   20. D

综合练习2

单选题：

1. C   2. C   3. B   4. A   5. B   6. C   7. A   8. B   9. C   10. D
11. B   12. A   13. A   14. D   15. D   16. D   17. C   18. A   19. B   20. B

综合练习3

单选题：

1. B   2. A   3. C   4. D   5. B   6. A   7. C   8. A   9. C   10. C
11. C   12. C   13. B   14. A   15. C   16. B   17. D   18. A   19. C   20. D

综合练习4

单选题：

1. B   2. B   3. D   4. B   5. C   6. A   7. C   8. D   9. B   10. D
11. B   12. D   13. B   14. B   15. A   16. A   17. A   18. B   19. C   20. B

综合练习5

单选题：

1. A   2. D   3. A   4. B   5. B   6. B   7. D   8. C   9. B   10. C

11. D　12. B　13. A　14. A　15. A　16. D　17. A　18. C　19. C　20. B
21. D　22. C　23. D　24. A　25. D

填空题：

1. 信息　　2. 8　　3. 312　　4. 65 536（或 2^{16}）　　5. C

综合练习 6

单选题：

1. D　2. B　3. D　4. B　5. B　6. B　7. D　8. D　9. C　10. A
11. A　12. A　13. A　14. B　15. D　16. B　17. C　18. C　19. C　20. B
21. D　22. B　23. C　24. D　25. A

填空题：

1. ASCII　　2. 37　　3. 排序　　4. 3C52H　　5. TCP/IP

综合练习 7

单选题：

1. B　2. C　3. D　4. C　5. B　6. A　7. D　8. C　9. A　10. D
11. A　12. B　13. C　14. B　15. D　16. B　17. D　18. D　19. B　20. B
21. B　22. D　23. D　24. C　25. A

填空题：

1. 形状补间　　2. 两端　　3. 剪贴板　　4. 只读　　5. 多

综合练习 8

单选题：

1. D　2. A　3. D　4. C　5. B　6. C　7. A　8. C　9. B　10. A
11. B　12. C　13. B　14. C　15. D　16. D　17. D　18. B　19. A　20. D
21. A　22. A　23. A　24. B　25. B

填空题：

1. 像素　　2. MIDI　　3. Ctrl　　4. 关联　　5. 机器